Miniature flowers Lesson

此刻花开

超逼真的微型黏土花艺制作

[日] 宫崎由香里　著

新锐园艺工作室　组译

中国农业出版社

北　京

前言 Introduction

在环抱大自然的环境中长大的我，
最爱与家人一起出游，观赏紫堇和猪牙花，
还有路边绽放的蜀葵和羽扇豆，
在漫山遍野的蒲公英和三叶草中奔跑、嬉戏、编织花环。
现在，我依旧爱花，
珍惜有花相伴的日子，
于是开始学做微型花，
创作以花为主题的微型花艺作品。
本书介绍了初学者也容易上手的常见微型花制作方法。
一开始做得比样品大，即使没办法做好也不要放弃，
可以尝试多做几朵，成束摆放看看。
这样即使一朵没做好，但做成一束花，看起来反而既有个性又可爱。
微型花就是拥有这样不可思议的魔力。

制作微型花的方法都是自己经过反复尝试、思考和总结得出的。
希望有更多人看到这本书，愿意尝试制作微型花，
体会完成时的成就感以及凝视它们时的幸福心情。
对我来说，这就是最开心的事。

Miniature Rosy
Yukari Miyazaki 宫崎由香里

Les Fleurs
OUVERT
MATIN
10 : 00 - 12:00
APRÈS-MIDI
14 : 00 - 16 : 00
FERMÉ
LUNDI MARDI
LES FLEURS

目录 Contents

Chapter 3

微型花的制作方法 ………… 47

Chapter 4

微型花的玩法 ………… 105

本书阅读与使用方法

从chapter 2介绍的花卉中，挑选容易制作的种类，于chapter 3中进行详细阐述。
做法说明页里，标注了难易程度和制作所需的时间。
制作微型花所需的材料与工具，则详细列载于第48～50页。
禁止仿制本书刊载的作品用以销售。
禁止以书中教学步骤进行有偿培训。

Chapter 1

欢迎来到微型花园

本章将介绍用微型花装饰和打造的小小储藏室、花园和花店等。

Miniature
Garden
1

Potting Room

小小储藏室

正是玫瑰盛开的季节。将玫瑰花枝插入玻璃容器中，玫瑰的香气四处飘散。

将玫瑰、薰衣草、绣球盛开的花朵倒吊垂挂，做成干花。

在绣球干花的左侧，放置一个用来放葡萄酒瓶的架子，充当美丽的收纳架，挂放洗净的花盆。将干花放入花盆中更显时尚。

仿造英伦风庭院的一角，打造一座既是温室又是收纳场所的小小空间。用提灯做外框，在内侧摆放微型花作品。

冬季畏寒的植物可以放在其中，不用的花盆也可以收纳在其中，还可以在里面晾晒干花。为了方便查阅花卉种类，还可以在里面放一本植物图鉴。

在窗边茁壮生长的爱之蔓，已经垂到了地面上。

Size■提灯外形

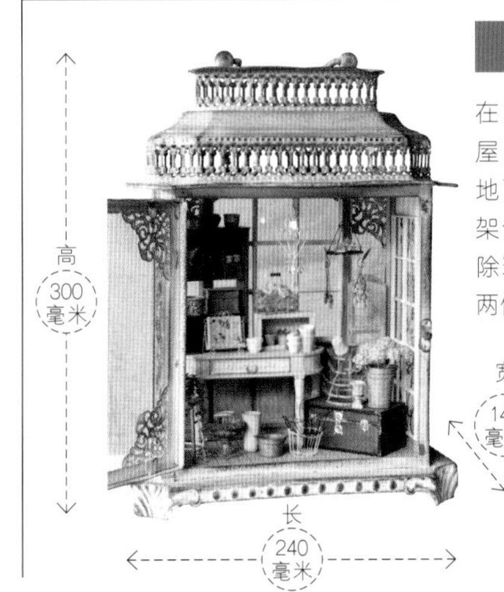

在杂货店买到的提灯小屋，充当小小储藏室。将地面铺上木制地板，屋顶架设横梁，加装吊灯，拆除玻璃，三面成窗，左右两侧增添铁艺窗饰。

Cherie Rose Rouge

红玫瑰玄关

设计构想是种植超过三年的玫瑰，终于爬上门楣，开满花朵。想象一下住在这里的人进出玫瑰拱门玄关时的美丽情景。

门前摆放一张椅子，方便日落时分在此欣赏花朵。美丽、令人怜爱的玫瑰可以冲散一天的疲劳，一旁还开着可爱的天竺葵。

法式石景造型，让家更有魅力。主题以法语命名，意思是“象征亲情的红玫瑰”。实景中并没有种植玫瑰，也没有摆放庭院椅和盆栽，制作本作品时一直想着：“如果我住在这里要种什么花呢？”

可以将蜀葵、欧锦葵种在门前小径。它们和玫瑰花期相近，有时会稍晚一些，作品中设想它们能随着玫瑰一齐绽放。

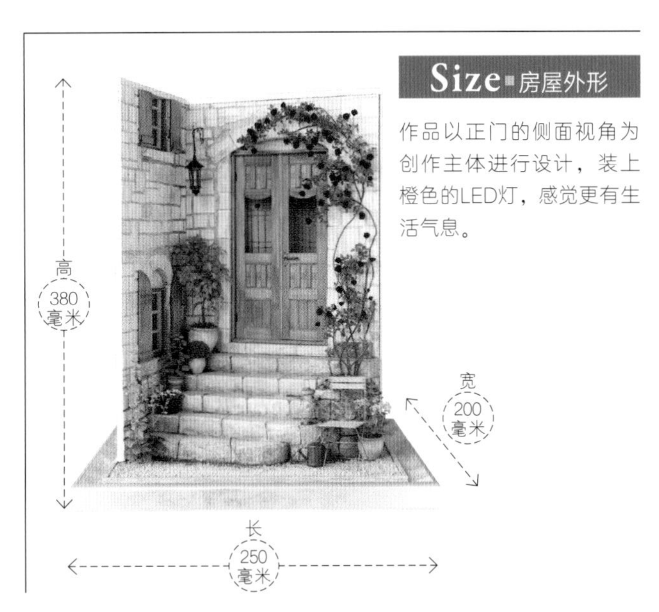

Size ■ 房屋外形

作品以正门的侧面视角为创作主体进行设计，装上橙色的LED灯，感觉更有生活气息。

Miniature Garden 3

Flower Shop

梦幻般的家庭花店

在窗边种植适合在室内栽培的植物。下面的花桶里放一些干花，方便挑选。

墙面做装饰架，花盆、锡铁盆、精美小礼物整齐摆放在上面。

店主的角色设定为多肉植物爱好者，桌上摆满一盆盆悉心照料的植物，每卖掉一盆，内心都充满不舍。

模型设计理念为将自有住宅改造成家庭花店。创作时，脑中浮现的画面是小店内依照店家喜好，摆满花、多肉植物、花盆等。门铃响起，第一位客人是谁？亲友家人纷纷来祝贺。“有人在这里实现梦想，所以我也要努力奋斗！”我就是一边想着这样的情景一边创作的。

用锡铁盆、吊盆、相框等种植多肉植物，空间虽小，仍悉心装点，店内洋溢着勃勃生机。

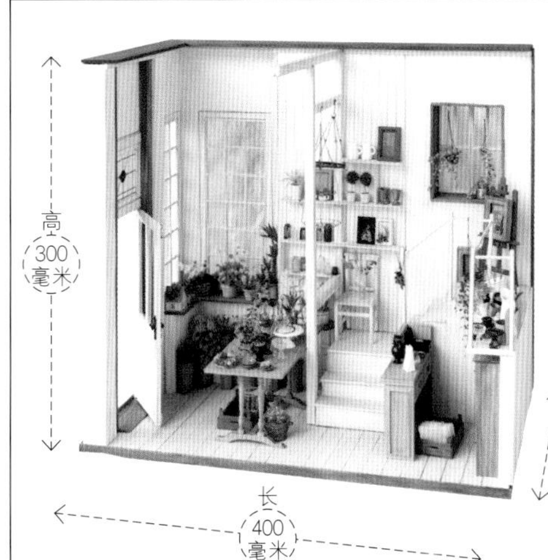

Size ■ 房屋外形

为了打造出可以摆放植物的飘窗，里面的墙做成双层厚度。为了让自然光可以照进来，地板和墙都是白色调，可以不用照明。

Proposal

北海道的春天

绽放的紫藤。一个花序大概有40～50朵花，需要一个个塑形、着色、粘接成串，是十分考验耐心的作品。

为了搭配紫藤的色调，特别采用悬挂混栽，搭配了矮牵牛、常春藤等。

北海道漫长严冬结束后的5月黄金周。雪融化后绽放的水仙花十分可爱。

作品为生活在北海道的男性正要出门的场景。车上装着遮阳伞、箱式录音机、野餐盒，副驾驶位上摆着一束紫藤花和订婚戒指。他打算邀请女友踏青野餐，并趁机向女友求婚。

还没有复苏的庭院花木衬托着绽放的水仙花。

Size ■ 房屋外形

以花卉陈列台开始制作，在展示时，我很敬重的老师帮忙装饰汽车和街灯模型，才有了具体概念，让作品完整呈现。

Miniature Garden 5

Les Fleurs

花 店

花桶内摆满成束鲜花，赏心悦目。这些花中有一些进口品种，选择类型多样，引人驻足欣赏。

架上摆放观叶植物盆栽。选择摆放耐阴植物，配色让人十分愉悦。

左边是秋意浓浓的绣球花，右边是飞燕草类的花卉，花色柔美，完美映衬。

作品的设计理念为热爱巴黎的女性经营的花店。主要商品是鲜切花，也有一些观叶盆栽和古董杂货，在前院的花园中栽培着多肉植物和观叶植物。

Size■房屋外形

建筑物分不同的房间，相互连接。还有一些未粘合的小物件，可以自由改变排列位置。能做成什么样呢？让人忍不住想挑战看看。

Miniature Garden 6

Entrance Garden

入口花园

玄关的门廊上开着白玫瑰，打开门就立刻能看到玫瑰盛开的景色，令人神往。

玄关前放置的古董花盆中装饰着雏菊，散发着青苹果般的甜美香气。

铁艺花架、花台、双层小桌上放置了鸟笼以及绿之铃、斑叶百日草、千日红等盆栽，架子上放着常春藤花环。

这件作品并不是摆在室内的微型盆景，而是和建筑物融为一体的花园。这是我第一次挑战花园作品。本作品制作于2004年，是我制作微型花园的起点，具有纪念价值。

用白色系大花三色堇搭配白玫瑰。当时超喜欢白花，很想住在这样装饰的房子里。

Size■房屋外形

我看着房屋外裸露的地面烦恼了几天，最后决定打造一个庭院花园。只用了数天就完成了木工作业，开始慢慢制作植物和杂物。作品完成那一刻，内心既感动又兴奋。

Picnic

湖畔风光

野餐箱里装满三明治、沙拉、餐具和杯子，一个愉快的午餐场景就浮现在眼前。

回北海道老家时曾造访远内多湖，以此湖为作品背景，想象着在这样的景色下，听着喜欢的音乐，读着喜欢的书，悠闲度过美好时光。虽然远内多湖实际上并没有紫堇和猪牙花，但凭着儿时在北海道路边摘花的记忆，我还是将它们加入创作中。

大树根旁有个小洞，里面有很多榛子！或许是一个参观过这里的孩子所藏，又或是一只住在附近的小松鼠所藏，令人浮想联翩。

在树桩上放一个箱式音响，一边聆听古典音乐一边阅读，这是多么惬意的轻松时光啊！右下角的小花娇小可爱。

Size ■ 房屋外形

为了映衬出紫堇和猪牙花缤纷绽放，景色如画的北海道春日风光，将北海道远内多湖的风景照添加厚相框，制成作品背景。

Miniature Garden 8

Terrace Garden

初夏的花园露台

种在锡制吊盆中的多肉植物，排列着不同颜色和形状的叶片，十分可爱。

用葡萄酒箱和蔬果箱充当园艺层架，摆放在角落里，上面陈列着盆栽和园艺用具等。金莲花吊盆等也要尽可能做得栩栩如生。

一走到露台，侧边板凳上放着铁篮，将园艺用具放在其中。

第二个微型花园是以初夏花园露台为主体。在木栈小花园里种植香草和多肉植物，并搭配杂货小物。使用薰衣草、洋甘菊、金莲花、柠檬香蜂草、虾夷葱等我最喜欢的香草和富有表现力的多肉植物，展现各种美丽风情。

在露台侧边阳光明媚的角落种植薰衣草、洋甘菊和野草莓等。高大的木栅栏和迷你鸟巢箱也很可爱。

Size■房屋外形

做完12页的“入口花园”，脑中浮现一个念头，“在玄关之后，我想做一个露台。”用香草和多肉植物打造理想中的生活。

Miniature Garden
9

Flower Painting

如画般的微型盆景

这个作品是立体临摹了由18～19世纪画家扬·弗兰斯·凡·戴尔绘制的花卉静物画。原画的配色美丽，让人难以移开目光。用微型盆景复制绘画的想法来自一位非常熟悉的微型盆景收藏家。

扬·弗兰斯·凡·戴尔（Jan Frans van Dael，1764—1840 年），荷兰画家，擅长精致的花卉静物画。据说他在自家花园里培育植物，并以它们为原型做画。

由于花的数量多，我打印了一张大图，完成一朵就做好标记，这样就不会遗漏。把平面画变成立体模型，需尽可能使其自然，花茎的角度和组合方式都需要反复斟酌。

Size■设计外形

在制作过程中，我一直在看图片。每做成一朵花后，我都会将它靠近图片对比，确保颜色和形状一致。

Miniature Garden 10

Group Planting

春季组合盆栽

如果你喜欢花，每年春天都会想做一盆组合盆栽。这件作品仿造组合盆栽，是以花毛茛为主角的微型花创作。在细细的花茎上粘贴薄薄的花瓣最难制作，我失败了很多次才完成。

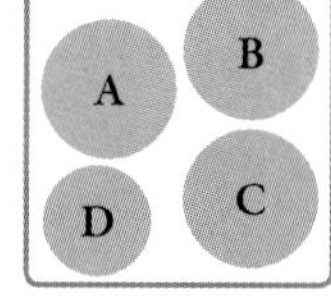

A.花毛茛
B.非洲万寿菊
C.三色堇
D.多花素馨

Size▪组合盆栽外形

要平衡好花毛茛和非洲万寿菊，前面下垂的是多花素馨花蕾和三色堇。

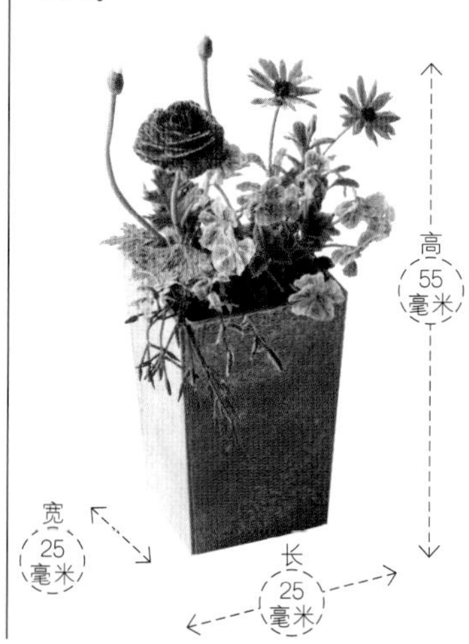

Chapter 2

四季微型花卉

你会不会守着自己庭院中的花蕾等待绽放？

以微型花创作，向大家介绍我最喜欢的四季花卉。

番红花
Crocus

早春绽放的番红花是我最喜欢的球根植物。当番红花盛开时，仿佛能感觉到春天即将到访，令人充满暖意。带着这份快乐开始制作微型番红花吧。细而短的叶片、圆圆的花瓣、挺立的花蕊，都细腻呈现出番红花的丰富样貌。

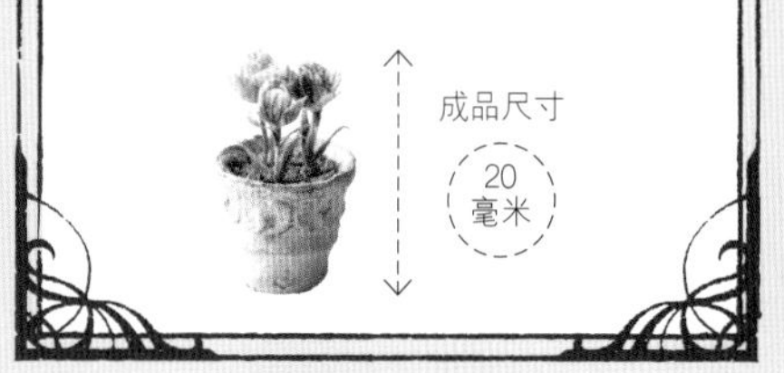

制作方法参考75页

番红花是我最喜欢的球根植物之一。我尤其喜爱Pickwick这个品种，紫白分明的条纹和橙色的花蕊都彰显了它的魅力。

水仙
Narcissus

我的花园里种了三种水仙花，这个作品就是以其中一种为原型制作的。在三种水仙中，这种水仙的花大小中等，拥有最典型的水仙花形。水仙植株根部有一个白色的、薄薄的管状膜，花后弯曲的花茎上也有薄膜。一边观察实物一边再现这种可爱的花吧。

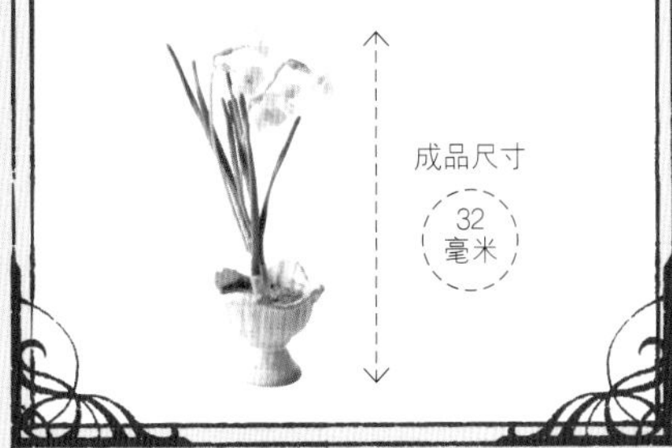

制作方法参考62页

将可爱的水仙花做成微型花。中心部分是淡奶油色，小花十分可爱。

葡萄风信子
Muscari

这是我每年都会种的花。较早开放的球根花卉告一段落后，葡萄风信子在天气变暖时开花，真的是迎春之花啊！在制作微型花时，如果把上部的小花蕾做得尽可能小，效果会更逼真。

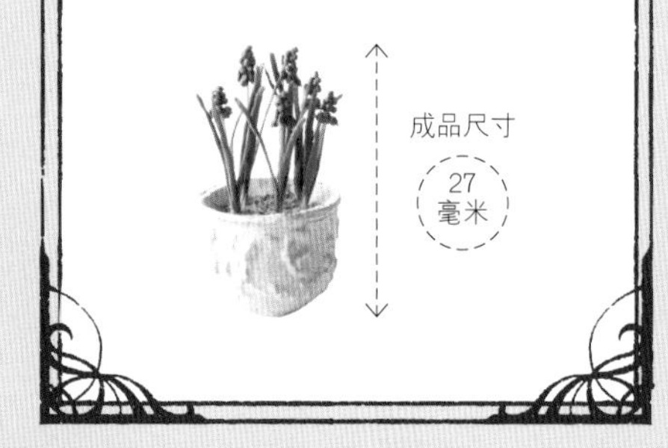

Garden Plants

葡萄风信子最常见的品种是亚美尼亚，呈现浓浓的蓝色。如果就这样连续种植几年，花就会变小，所以我每年都会补种新植株。

常见的葡萄风信子都是蓝紫色花朵，当知道有蓝色品种时，内心雀跃不已。我非常想在庭院中种蓝色风信子，但是寻遍四处都没有找到，最后还是从网店购得。我都等不及要在秋天种了，感觉要等很久。

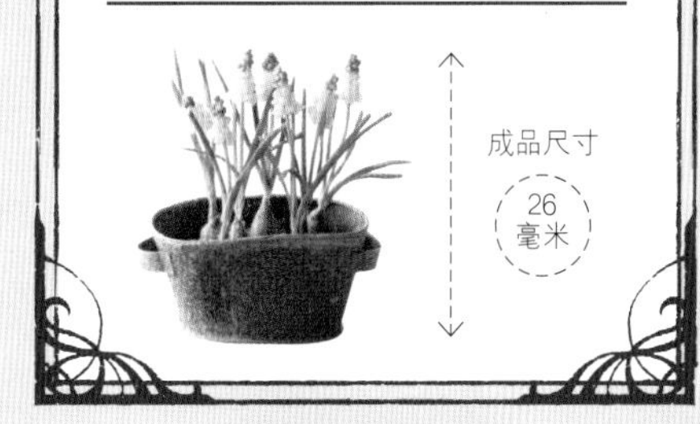

成品尺寸
26毫米

制作方法参考58页

Miniature flowers

Garden Plants

葡萄风信子菲尼斯纯净淡蓝的花色充满魅力，让人一见倾心，毫不犹豫就买了回来。

三色堇

Pansy & Viola

每年11月，我都会买一些三色堇的花苗。三色堇有很多颜色，每一种我都想要，所以总会犹豫买哪种。制作时选择自己喜欢的颜色就好。与其想着给花瓣着色，不如试着以在花瓣上作画的方式来制作。

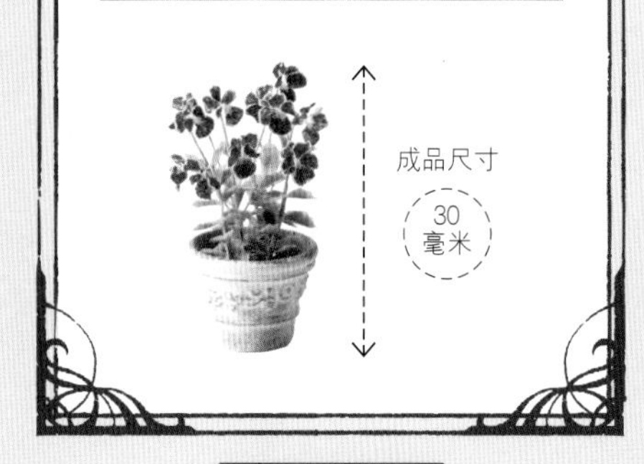

制作方法参考78页

横滨选品店精选的三色堇品种耀斑蓝，花瓣蓝色，边缘有白色斑圈。我非常喜欢蓝色花，这种蓝色令人感到温柔。

这个作品完成于不定期举办的一日课程。将成形的茎、叶、花瓣着色和组装，摆放在展示箱中。

以三色堇为主角，搭配仙客来、迷迭香等，打造微型花组合盆栽。

横滨选品店为方便顾客了解三色堇，用羊皮纸做背景，写上品种名后将作品裱框展示。

这张照片是在花园中的三色堇盛开时拍摄的。它的开放仿佛拖住了春天的脚步。

铃兰
Convallaria

虽然我很喜欢铃兰，但老种不好，不过我没有放弃，去年改变了位置继续种植，但愿这次能好好长大，开出美丽的花。先制作一朵微型花来安慰自己。制作技巧在于把握好花和花蕾的大小，以及花茎长度之间的平衡感。茎太长或太短都不行，弯曲的角度和位置也很重要。

成品尺寸 18毫米

制作方法参考51页

Miniature flowers

Garden Plants

庭院里的德国铃兰，不知是否因为夏季忘了浇水，花芽数量逐渐减少、不开花，最后不知不觉就消失了。

蓝雏菊
Felicia

蓝雏菊拥有黄蓝对比鲜明的美丽花色。用树脂黏土来表达这种蓝色很难，至今我还没有调出令我满意的蓝色，所以我还会继续挑战。制作重点在于使花瓣的大小尽可能相同。在从袋子里挤出黏土时要尽可能保持用量平均，那样就能做得更好。

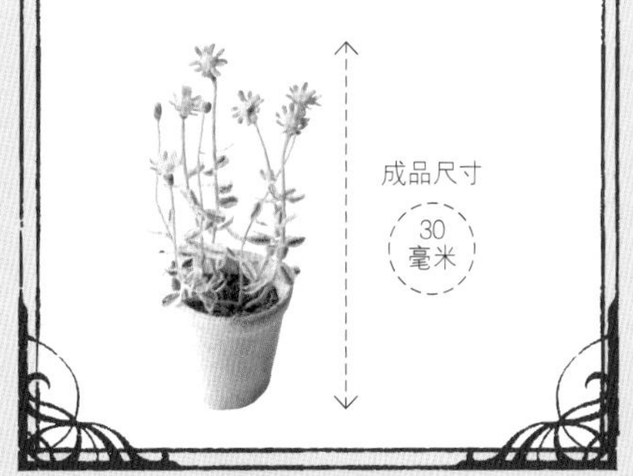

制作方法参考71页

蓝雏菊的绿叶上有斑点，非常可爱。

玫瑰

Rose

玫瑰品种丰富、颜色各异、香气浓郁，近年来越来越多优秀的品种问世，自然也成为热门的微型花创作主题。很多人都说，挑战制作微型花要先从玫瑰开始。为了把玫瑰做得精致好看，我的心得是尽量减少黏土用量，花瓣尽可能薄。

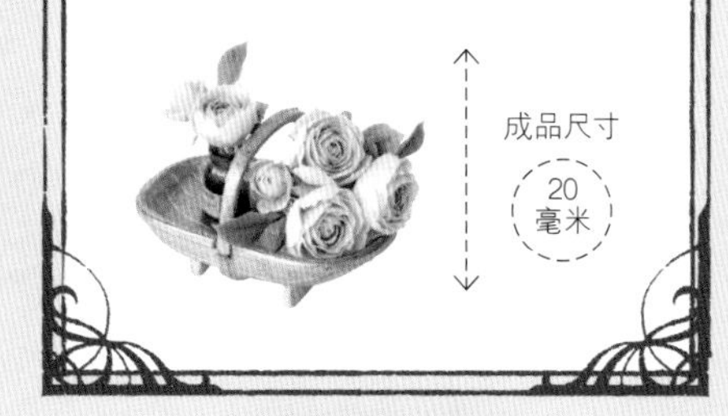

制作方法参考66页

这件作品从左到右依次表现了玫瑰盛开的过程。

英国玫瑰和古典玫瑰有很多特别浪漫的花形。除了在花园里种植外，做成切花也很好。

最喜欢的花材组合是丁香和玫瑰。我参考了图鉴和网络资料，找到了颜色最适合丁香的玫瑰，并进行了尝试。

我尝试了许多年，一直做不出想象中的英国玫瑰麦塔金，作品总不合心意。这次终于做出了理想的花朵，是一个值得纪念的作品。

在把它们做成花束或盆栽前，需留下细长的花茎，按品种分类放在小花瓶或篮子里。看着各种玫瑰成束的花样，脑中想着，该怎样组合才更美呢？

百日菊
Zinnia

同一朵花从初绽到盛放，花色不断变化，是一种很有趣的花。制作重点在于花朵初放时，花色浓郁，花瓣小巧，随着盛放，花色渐淡，花瓣开展，创作时留意这一点，将提升作品的逼真度。

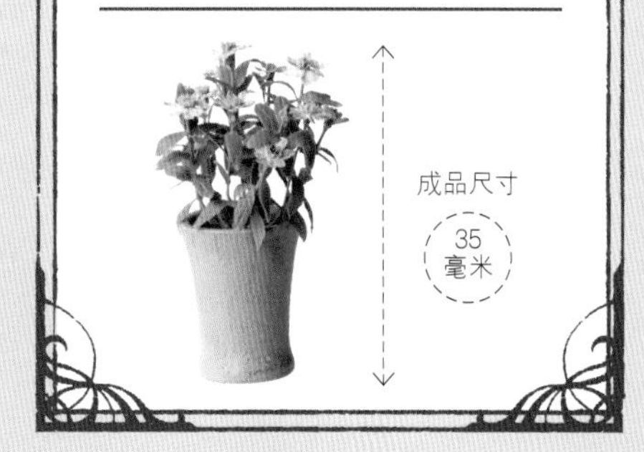

成品尺寸 35毫米

Miniature flowers

Garden Plants

在炎热的夏天也能持续绽放，不过要给予充足的水分。花期长，此起彼落地连续盛开，让人大饱眼福。

绣球
安娜贝尔

Hydrangea arborescens 'Annabelle'

我的花园里种了两株绣球安娜贝尔，从初夏到盛夏，它们都是花园的主角。夏季结束时，我会把它晾成干花。花色会从黄绿色变成白色，再转成黄绿色，根据季节的不同，各种花色可能会混合在一起。当你要做几株绣球时，可以分阶段表现它们的颜色，只要改变黏土的颜色，就能转换心情，是一种让人想反复制作的花。

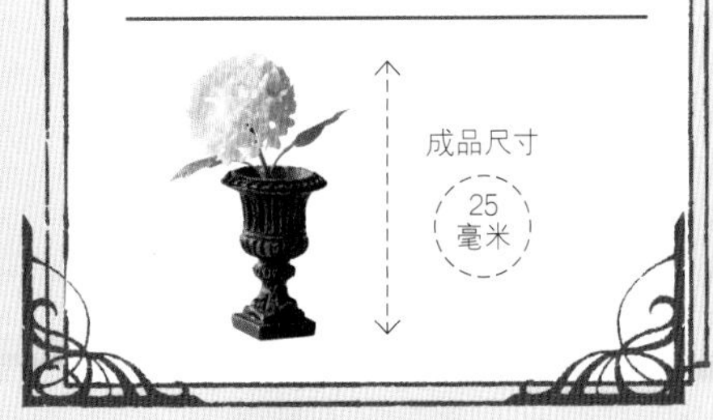

制作方法参考54页

Garden Plants

春季花朵在新抽出的枝条顶端盛开，所以冬季要将花枝减至靠近根部约10厘米处，第二年才能不断萌发新芽并开花。

栎叶绣球

Hydrangea quercifolia

当我刚开始进入园艺世界时，在花园里种了一棵栎叶绣球。十几年间，小苗变成了大苗，每年都会璀璨盛开。每年初夏时节，小花穗一天天长大，饱满绽放，花朵姿态壮丽，却散发出柔和气息。花初开是黄绿色，然后会变成白色，最后又带点红，十分美丽。

成品尺寸 80毫米

Miniature flowers

Garden Plants

顾名思义，栎叶绣球拥有和栎树相似的叶片，却是绣球的一种。在我的花园里，栎叶绣球是初夏花园的主角。

桃叶风铃草

Campanula persicifolia

桃叶风铃草拥有一种迷人的清澈蓝紫色花朵。钟形花，在制作微型花时很难成型，只好大量制作，从许多成品中挑选出形状完好的花朵。风铃草的花语是“谢谢”。我总是抱着这种感恩之心，一个接一个地仔细做。

Garden Plants

做玫瑰的配花，或与充满和风意趣的山间野草一起种植，都很适合。把它做成切花装饰也很漂亮。

多肉植物
Succulents

多肉植物的特点是胖乎乎的，不管是单独种植还是做成组合盆栽都十分可爱。万年草类景天科多肉植物也可以露天种植，会不断繁殖并覆盖整个地面。制作微型花很容易，只要有耐心，任何人都可以做到。推荐十二卷、乙女心、石莲、万年草等。

成品尺寸 9~12毫米

制作方法参考86页

Miniature flowers

Garden Plants

组合盆栽里的多肉植物，因为植株底部的叶片容易被挤坏，所以只能看到光秃秃的茎。即便如此，也很可爱。

我制作了一个种植在方形花盆中的多肉植物组合盆栽微型盆景。十二卷和黄绿色的黄丽是盆栽的亮点。

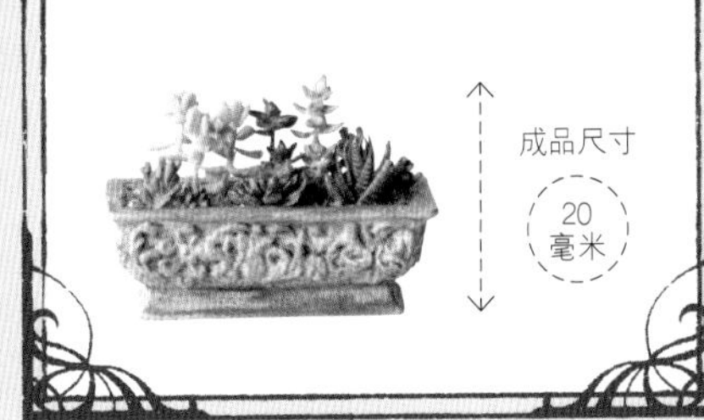

上面微型盆景的原型是照片里的多肉植物组合盆栽。放在栎叶绣球附近的架子上，可以观察到不同季节植物的变化。

大丽花
Dahlia

不管是种在花园里还是做成切花都适合，花期长，从夏末一直开到秋季。花色、花形、高度多种多样，可以搭配任何场景，魅力十足。以红色为主题，制作了两种大丽花，偏黑色的黑蝴蝶和红色的红星。需要许多相同形状的花瓣，所以要耐心制作。成品华丽非凡。

成品尺寸 70毫米

Miniature flowers

Garden Plants

大丽花在秋季的阳光下娇艳盛开。其中，黑蝴蝶是我最喜欢的品种，有时会做成插花装饰工作室，有时会制作成微型花。

以红星为主角的作品。

波斯菊

Cosmos bipinnatus

我想制作长着100枝波斯菊的小径，花了数年时间，但因花朵和叶片纤细，逼真呈现的难度超高。在制作时，最难的部分是叶片，为了制作许多细裂叶，我一般先制作模具，然后复制。需耐心地把黏土塞进小而薄的模具中。

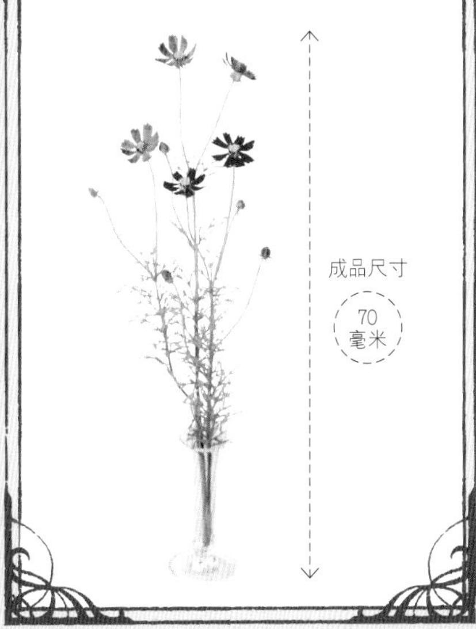

五颜六色的小花聚在一起美得令人惊叹，能让你感受到秋意渐浓。把它们做成切花插入花瓶，连周围都看起来更明亮了。

巧克力波斯菊
Cosmos atrosanguineus

华丽别致的巧克力波斯菊中，有多种花色略有不同的品种，我选择的品种叫巧克力摩卡。亭亭玉立的茎乍一看很难制作，但如果按照我的方法制作，可以自由改变花茎摆向。其花语是“永恒的心意”，非常适合作为礼物。

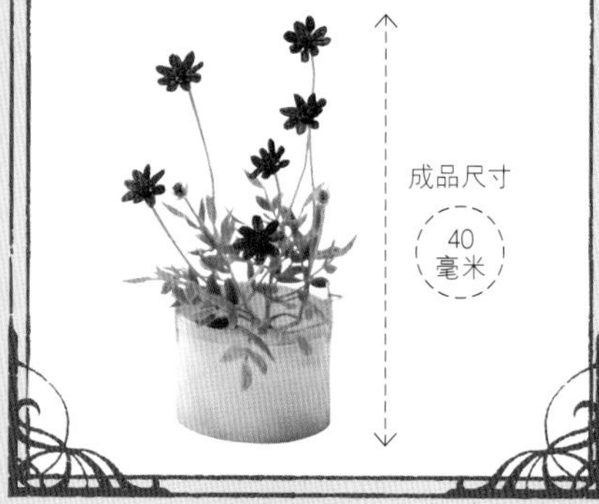

制作方法参考82页

巧克力波斯菊真如巧克力一般，散发甜甜的香气，弥漫整个花园。推荐将切花花茎留长，把花插在小玻璃瓶里装饰房间会更好。

秋之七草
The seven flowers of autumn

我想做一个充满和风意趣的作品，所以用秋之七草作为主题。秋之七草自平安时代以来一直受到人们的喜爱，它们分别是胡枝子、芒、葛、石竹、黄花败酱草、泽兰、桔梗。最后制作的是芒，因为无法用黏土表现，用了丝线代替。据说葛的花可以食用，撒在沙拉上就成了一道美丽的料理。

Miniature flowers

Garden Plants

石竹的花瓣有细而深的裂纹，在我的花园里也有种植，其实不管是和风还是西洋风的花园都适合种植。

圣诞玫瑰
Helleborus

我种植了一株花形如杯、高雅别致的深紫色圣诞玫瑰。虽然我没有花太多精力照顾，但它似乎喜欢被种植的地方，茁壮成长，每年都开很多花。我以这株花为原型，做了一个微型花作品。

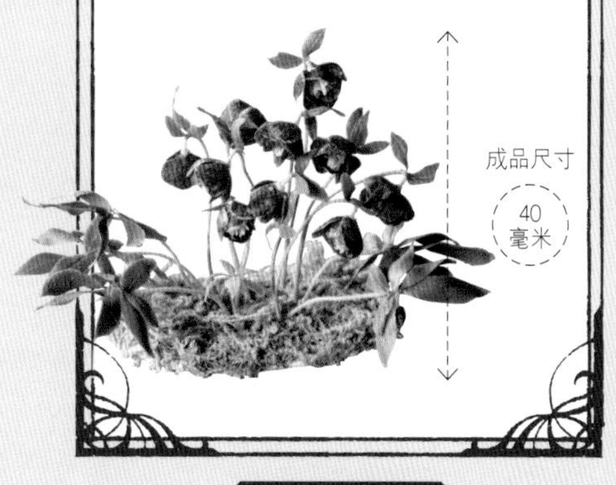

制作方法参考98页

Miniature flowers

Garden Plants

第一株圣诞玫瑰已经种植了十多年。摘下盛开的花朵，放在水盘上漂浮，即使是冬天花园也生机盎然。

Miniature flowers

我很钟爱圣诞玫瑰。这是几年前我特别想入手的品种，花瓣多层，外圈还有一轮杏色，将此花创作为微型花。

Garden Plants

第一年盆栽，第二年种植在花园里，是我的爱花之一。花园里的圣诞玫瑰都是一点一点慢慢补种的。

仙客来
Cyclamen

除了买过一株大型仙客来盆栽，我家里还有适合组合盆栽的仙客来品种，以及像微型花一样紧凑的仙客来原种，每种都有自己独特的味道。以大型仙客来盆栽为原型做了微型花，尝试了一种新型的花色和花形。

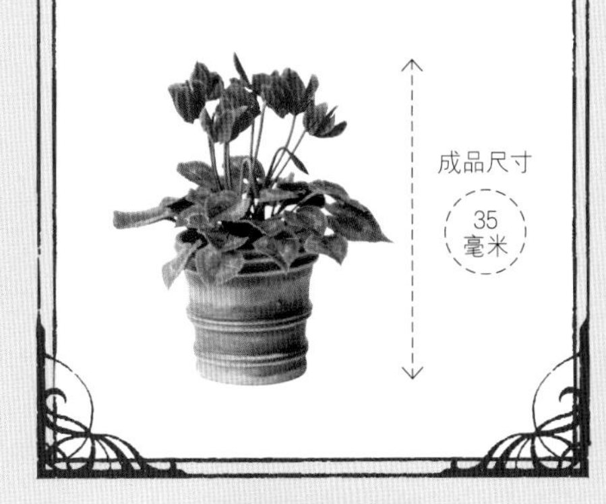

制作方法参考93页

Miniature flowers

Garden Plants

即使冬天花少时也十分华丽。我非常喜欢它，虽然每年都买一大盆，但总不能很好地活过夏天。

已经做成微型花的小而可爱的原种仙客来。花谢后花茎会卷曲呈典型的螺旋状，非常有趣。

成品尺寸

15毫米

放在庭院种植的原种仙客来，管理简单，每年开花。我已经养了好几年了。

Column

1

初夏
组合盆栽

把以矮牵牛为主角的组合盆栽作为原型创作了微型花作品。矮牵牛的花做成微型花有点难，为了做成喇叭形需反复调整。叶数和花茎的数量都尽可能如实呈现。

微型花的原型组合盆栽。后面较高的植物是千屈菜，花穗纤细，制作起来超级难。

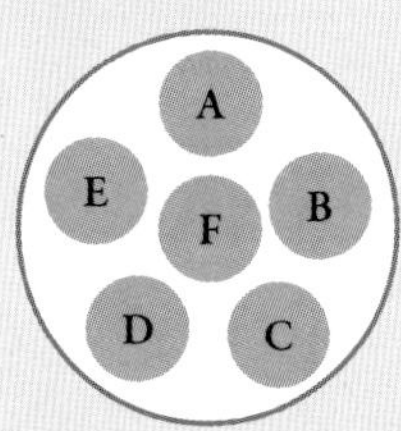

A.千屈菜
B.矮牵牛Monroe Walk Plum
C.白斑常春藤
D.白矮牵牛Monroe Walk Silky latte
E.尤加利
F.银边翠冰河

Chapter 3

微型花的制作方法

本章将详细介绍新手也能轻松上手的

11种花卉和6种多肉植物的制作方法。

这些是从工作坊和各种活动中选出的

最受人喜爱的微型花，而且适合初学者创作。

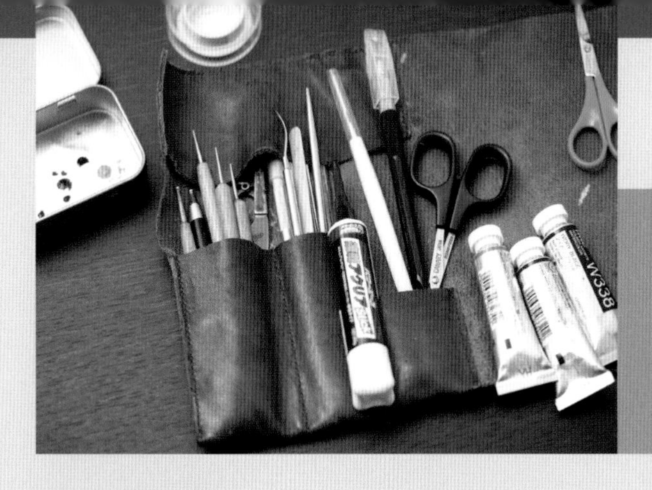

制作微型花所需的材料与工具

本节介绍制作微型花所需的材料及工具。

材　料

树脂黏土建议使用Resix这个牌子，胶水建议使用快干水性胶，都可网购。

树脂黏土 Resix

干燥后也能保持柔软性和延展性，成品不易破损。该黏土适用于制作植物。

花艺铁丝

使用26号（裸线：用于制作容器的把手）和30号（绿色包纸铁丝：用于制作植物的茎秆）。

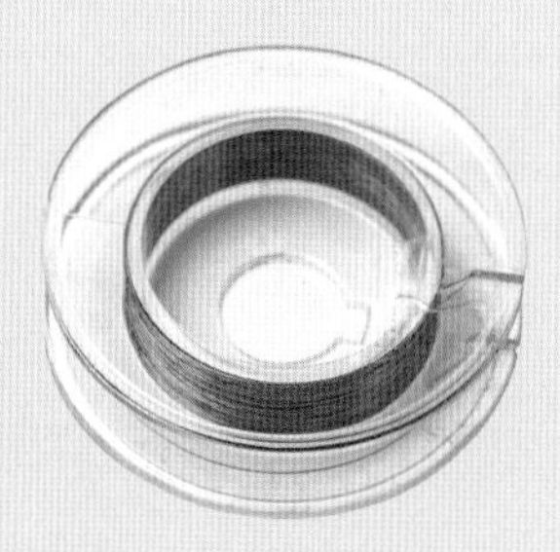

铜线

材质柔软，可随意塑形，适用于制作植物茎秆。一般用0.2毫米、0.18毫米、0.16毫米规格的铜线。

纳米海绵

用于插放未完成的花卉。其他海绵状材料亦可。

砂纸

用黏土制作植物容器时，用砂纸修整容器边缘。600号砂纸容易上手。

黏着剂　Pouer Ace

快干水性胶速干性强，且硬化后粘接表面也较柔软、具延展性，适用于制作微型花。

纸用黏着剂　Daper Kirei

剪纸工艺中使用的胶水。用于制作容器。速干性强，纸张不易起皱。

纸胶带

一种黏着力较弱的纸质胶带。制作容器时，在固定形状过程中起临时固定作用。

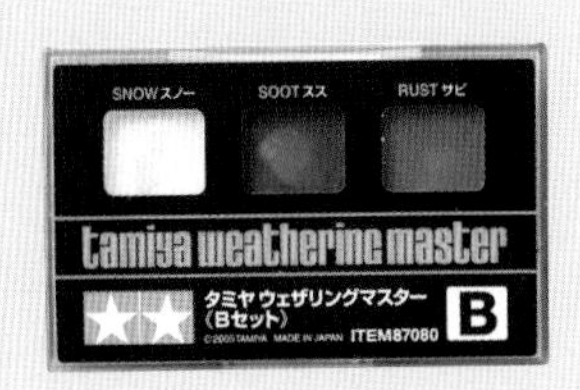

模型专用涂料　田宫

模型用旧化粉彩B

用该颜料比水彩颜料更能突显花盆的自然感。

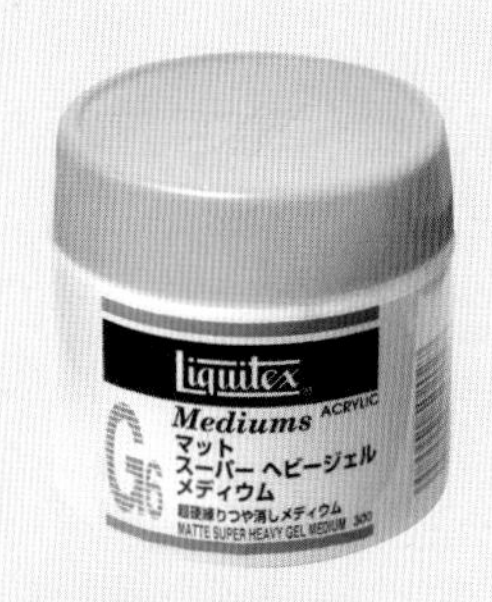

食品黏合剂　消光

超浓凝胶剂

用于制作微型花的种植泥土。亚光色，能呈现自然土质。

极细面相笔　田宫

Modeling Brush Pro II

笔杆粗，手握舒适，便于勾线和细节刻画。

彩笔　黄橙色

易于对花蕊及花瓣等精细部分进行上色。不晕染、不渗墨。

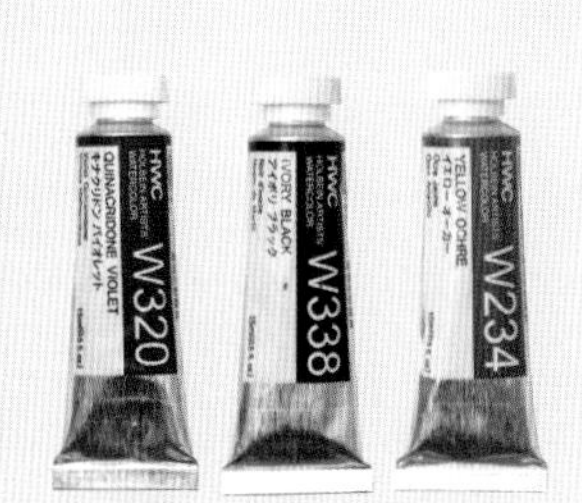

水彩颜料

将颜料揉进树脂黏土，或用于黏土成型之后的上色。颜色丰富，上色均匀。

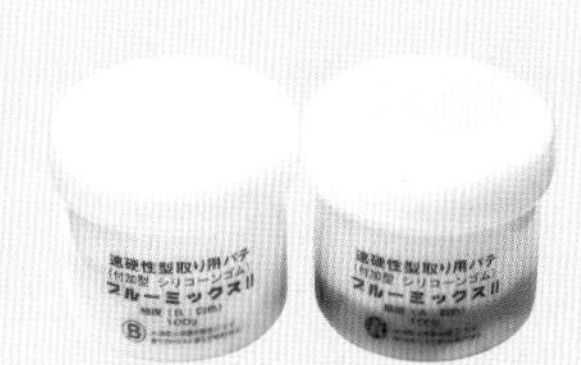

翻模剂　蓝白土

这是一种硅质翻模剂，糅合了两种黏土状材质。使用简便，用于制作花盆。

自封袋

将揉好的树脂黏土装入自封袋，预防干裂，锁住必要的水分。尺寸为5厘米 × 7厘米和7厘米 × 10厘米。

木制黏土

由天然木屑制成的黏土，直接使用后，成品的色泽、质感犹如陶器般自然。用于制作花盆。

超轻黏土

有色超轻黏土。茶褐色，亚光，易于制作土壤的底土。

土壤色粉　CP7 土黄色

制作土的材料，是一种颗粒细小的土色粉粒，比起颜料上色更自然。

软木粉（极细、细）

制作土的材料，是一种将软木剁碎制成的材料。颗粒粗细大小各有不同，混合使用才能表现逼真土壤。

工　具

描图笔及黏土专用棒在画具商店、工艺品店或网店均可购买。

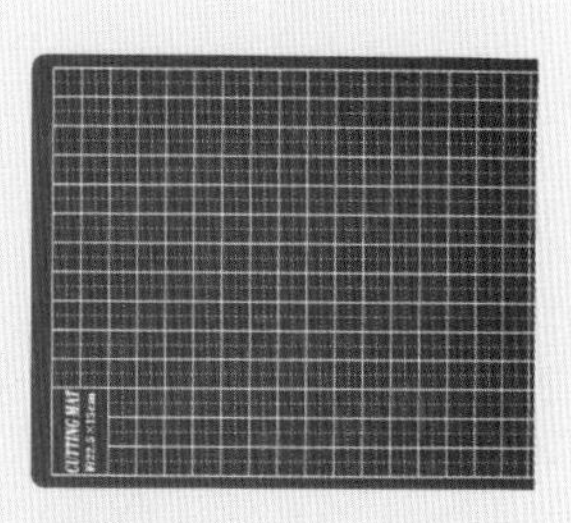

切割垫

使用美工刀时垫在底部的垫板。

透明塑料手套

使用脱模剂模具时需佩戴手套。购买模具时可一并购入。

美工刀

和普通刀具相比，刀刃细，方便精雕细刻，易于制作微型花。

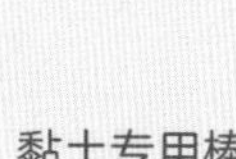

黏土专用棒

制作花瓣及叶片时最常用的工具。不锈钢材质，不易粘上黏土，使用方便。

描图笔

圆头笔尖，类似铁笔。描绘花瓣或叶片反卷时使用该笔。根据花瓣种类区分使用。

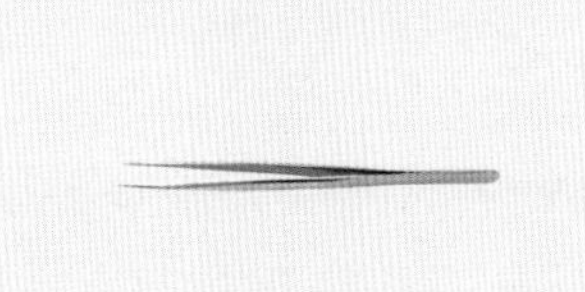

镊子

夹取花瓣或叶片、镶嵌细微物品时使用的镊子。尖头的镊子使用更方便。

珠针

用于画出叶脉等细微纹路，或者开孔。一般缝线用的珠针即可。

直尺

剪纸工艺中切割纸张制作容器时会用到直尺。金属材质的直尺不会被美工刀划伤，经久耐用。

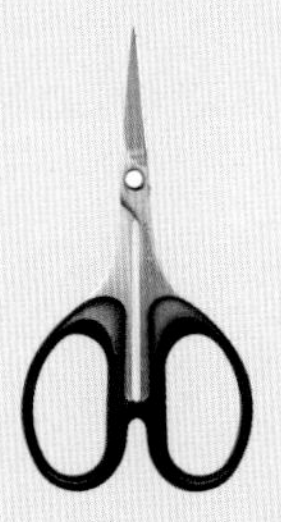

手工剪刀

容易制作精巧的手工作业。剪切黏土时，刀刃不宜过厚。

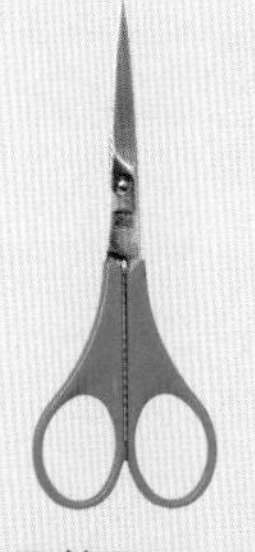

黏土专用剪刀

用于剪切黏土。刀刃薄，因此剪切精细黏土和轻薄黏土都适用此剪刀。

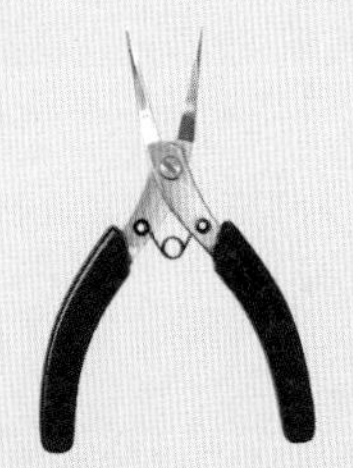

平口扁嘴钳

用于弯曲铁丝。如果不是过于精细的操作，尖嘴钳亦可。

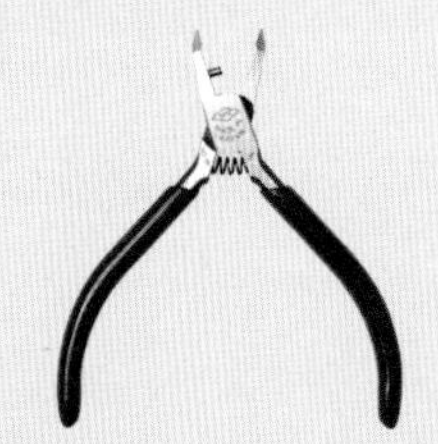

剪钳

用于剪断铁丝。若是细铁丝，手工剪刀亦可。

铃兰的制作方法

准备材料

30号花艺铁丝、树脂黏土、水彩颜料（白色、深绿色、黄绿色）、珠针、黏着剂、黏土专用棒、镊子、黏土专用剪刀、自封袋。

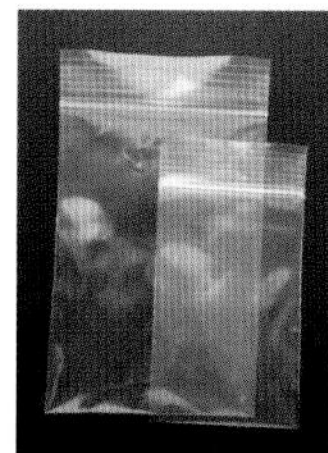

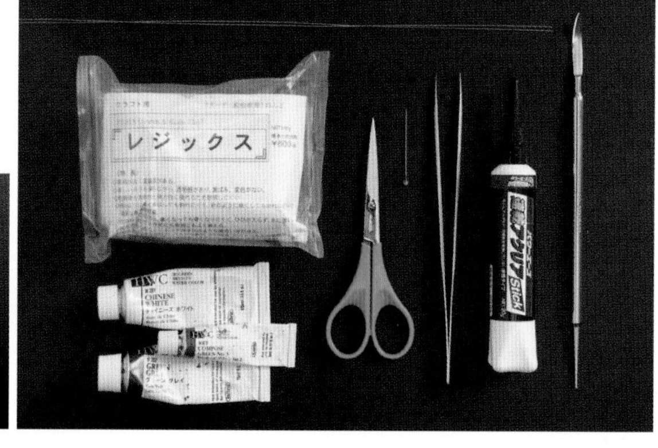

准备黏土

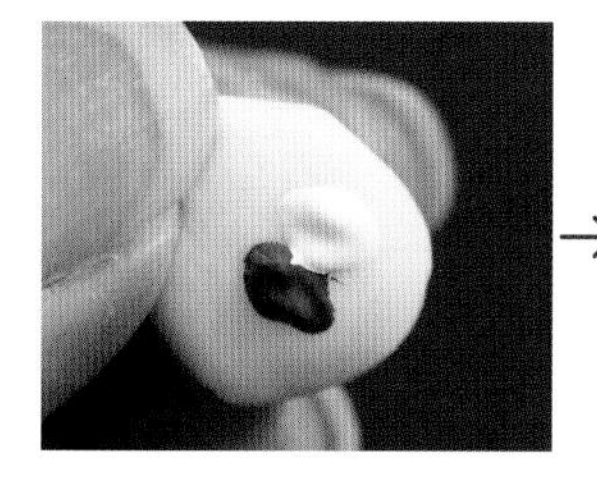

树脂黏土变干后呈透明色，因此一定要混入少量白色颜料，再根据用途加入其他颜料调色。

→

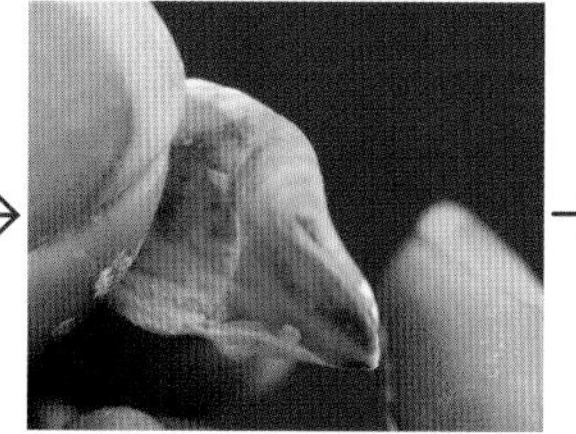

观察颜色的同时一点一点加入颜料，在黏土变干前快速地揉搓、上色。

→

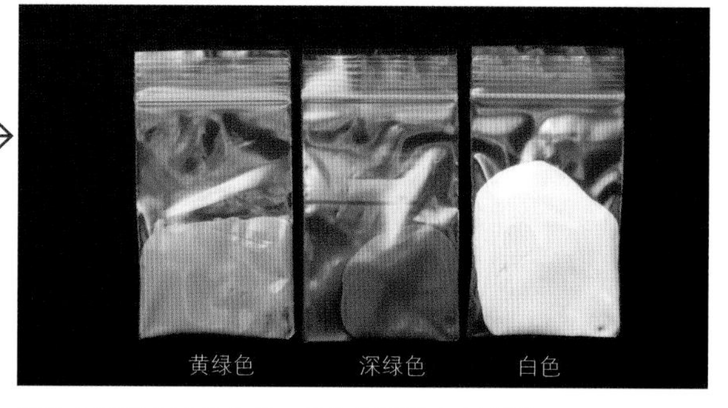

将黏土按颜色进行分类，装入不同的自封袋里。

制作花梗

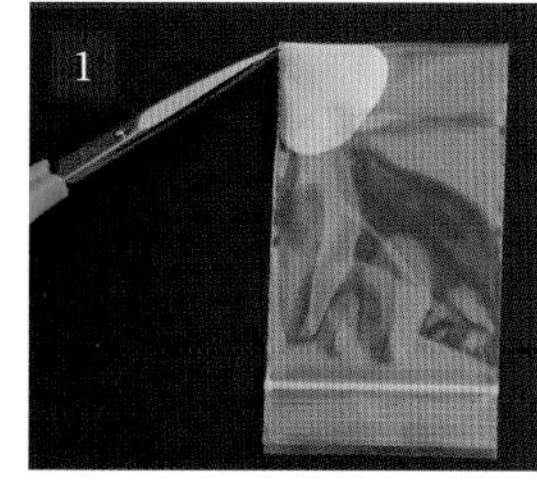

将装有黄绿色黏土自封袋里的空气排出，之后用剪刀将袋子其中一个角剪出一个1毫米的口子。

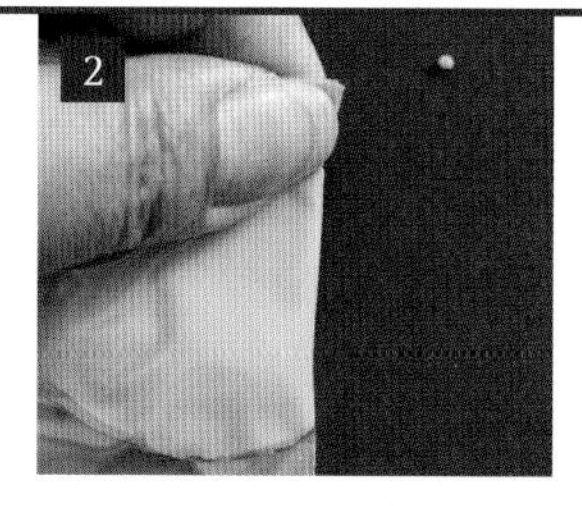

按压自封袋，挤出芝麻粒大小的黏土，搓圆。

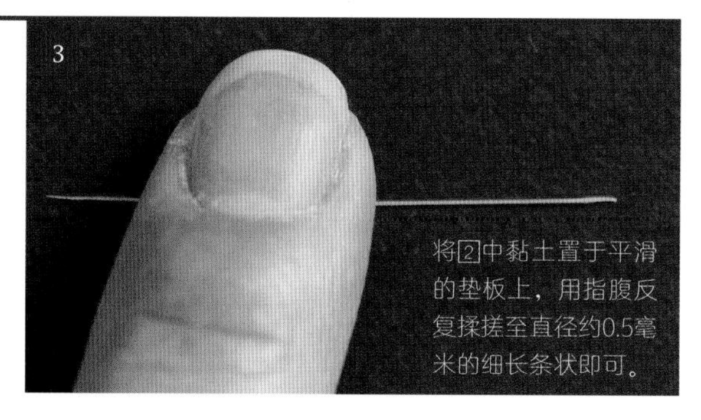

将[2]中黏土置于平滑的垫板上，用指腹反复揉搓至直径约0.5毫米的细长条状即可。

待[3]中的细长黏土稍微干燥后，将其以螺旋状盘在珠针上。

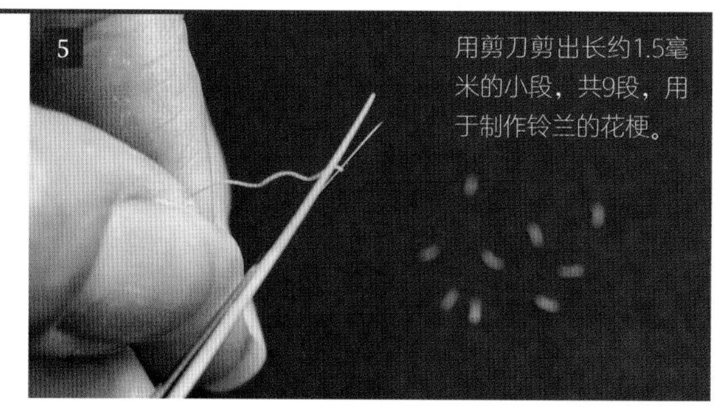

用剪刀剪出长约1.5毫米的小段，共9段，用于制作铃兰的花梗。

组装花朵

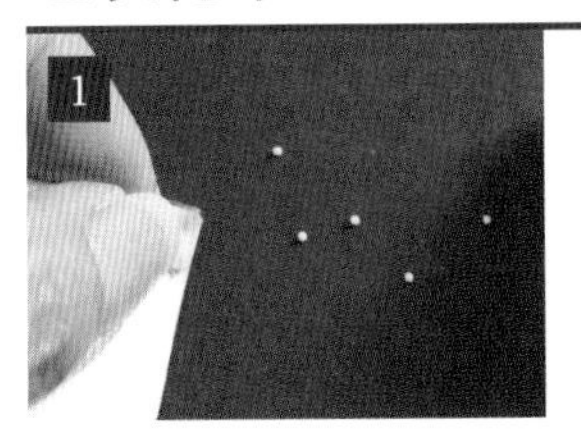

将白色颜料揉入树脂黏土里，制成白色黏土，后将其装入自封袋，用剪刀将袋子其中一个角剪出一个1毫米的口子。按压自封袋，挤出5个直径约为0.7毫米的小圆粒。用于制作铃兰上方较小的花苞。

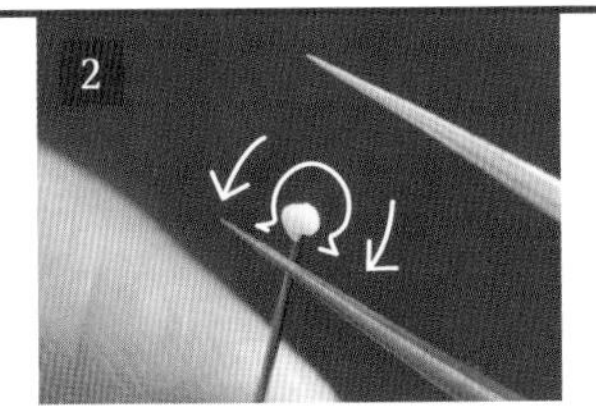

用与[1]同样的方法挤出4个直径约0.7毫米的白色小圆粒，将其插至珠针的针尖，用镊子塑成壶形。用于制作下方较大的花朵。

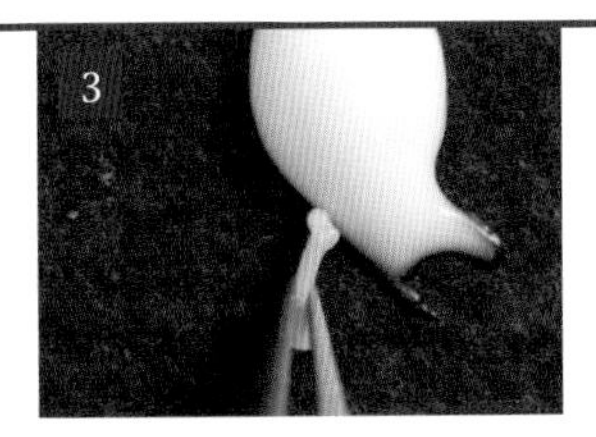

用镊子夹住做好的花梗，将黏着剂涂抹至其前端。

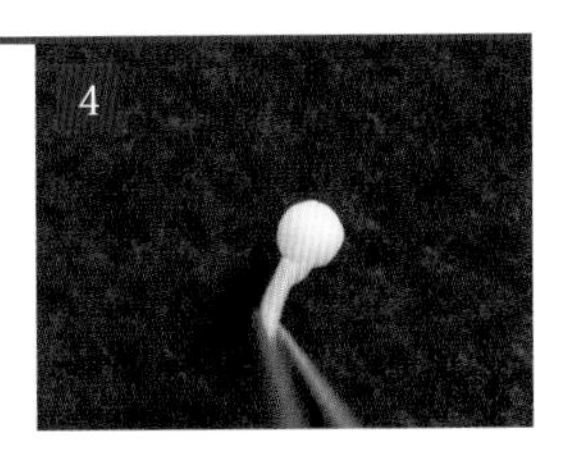

将[1]和[2]做好的花用黏着剂逐一粘在花梗上。

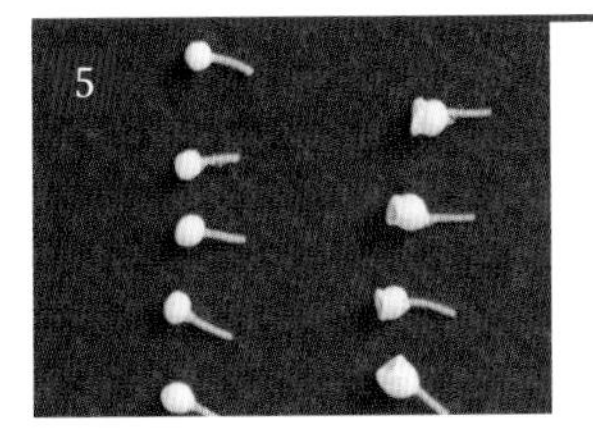

5个花苞和4个花朵与花梗粘合的样子。

剪出长约5厘米的花艺铁丝，将黏着剂涂抹在花梗的末端，将[5]中的花苞固定在上方，花朵则粘在下方。

全部花苞和花朵与铁丝粘合的样子。到此完成了一个花枝。

制作叶片

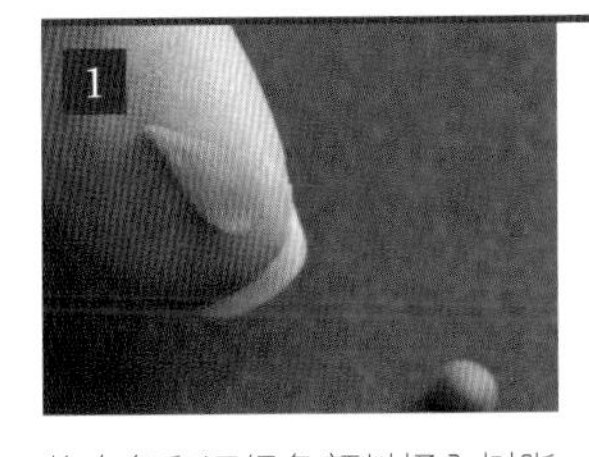

将白色和深绿色颜料揉入树脂黏土，制成深绿色黏土，后将其装入自封袋，用剪刀将袋子其中一个角剪出一个1毫米的口子。按压自封袋，挤出约5毫米大小的黏土，做成水滴状。

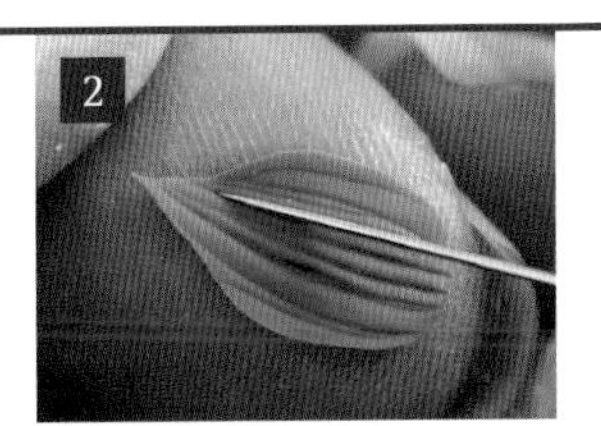

用黏土专用棒按压黏土使其延展，塑形完成之后用珠针勾画出纹路，作为叶脉。

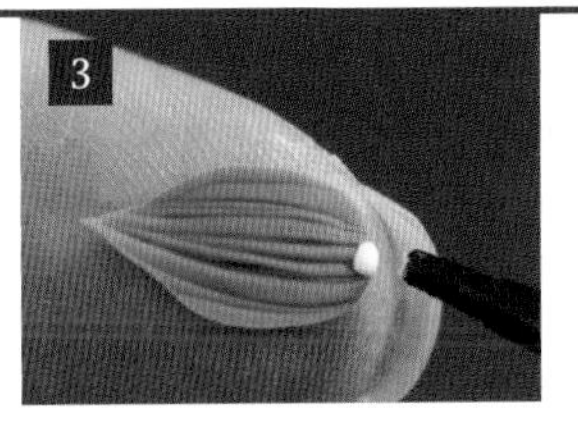

在叶片基部中间的位置涂抹少量黏着剂。

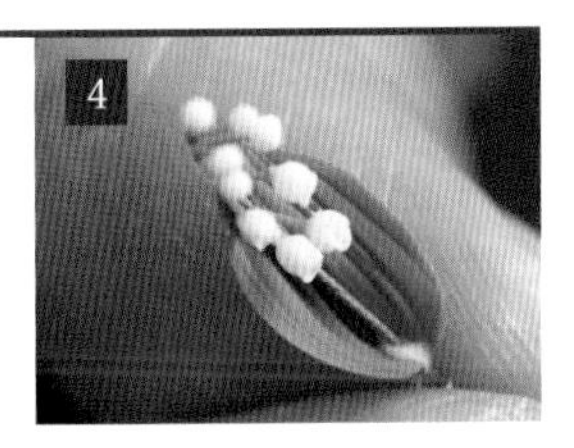

将组装好的花枝嵌入[3]的叶片上。

重复[1]～[3]，再制作另一枚叶片，用手捏住叶片中央，固定在距离第一枚叶片下面2～3毫米处涂有黏着剂的位置。

铃兰制作完成。

绣球安娜贝尔的制作方法

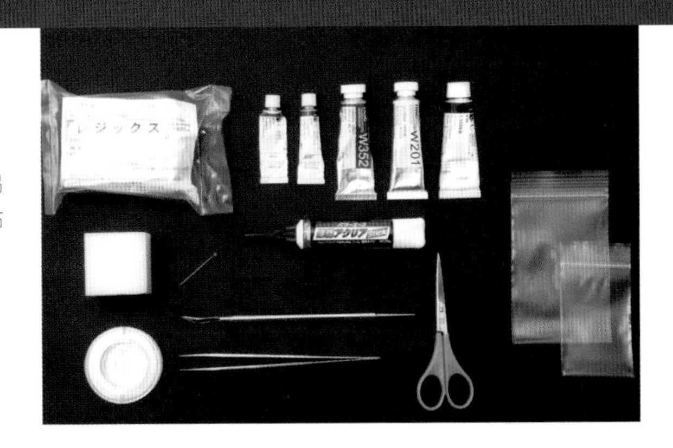

准备材料

树脂黏土、水彩颜料（白色、绿色、深绿色、黄绿色、褐色）、0.16毫米铜线、珠针、黏着剂、黏土专用棒、镊子、黏土专用剪刀、自封袋、纳米海绵。

准备黏土

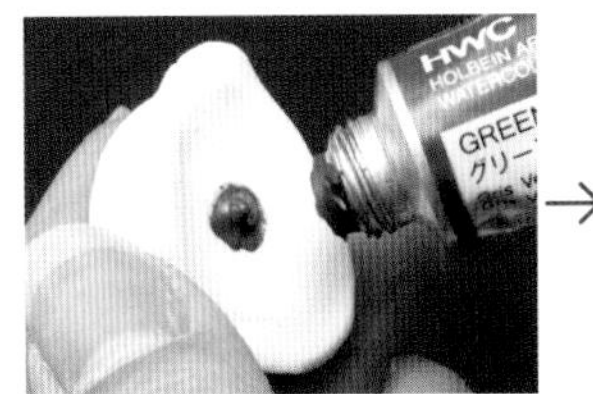

树脂黏土变干后呈透明色，因此一定要混入少量白色颜料，再根据用途加入其他颜料调色。

→

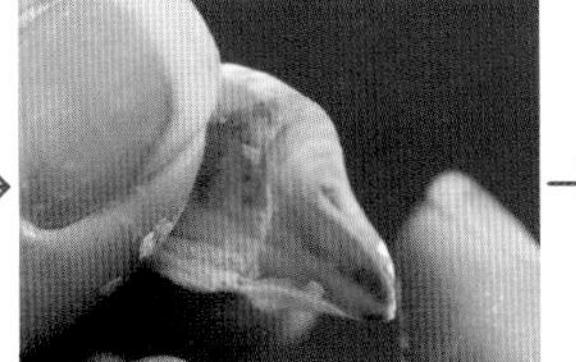

一点一点加入水彩颜料，在黏土变干前快速地揉搓、上色。

→

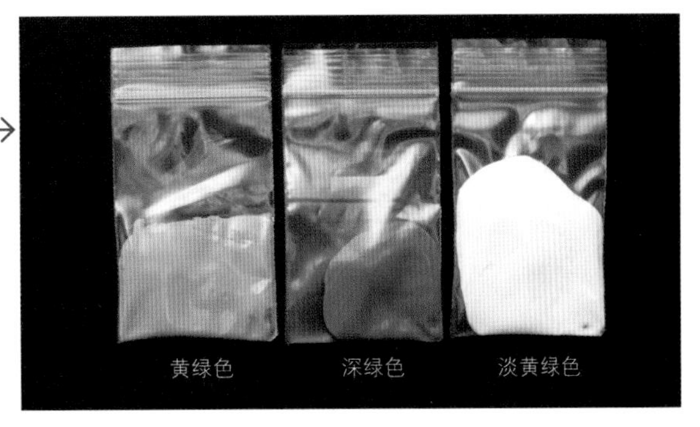

将黏土按颜色进行分类，装入不同的自封袋里。

制作花茎

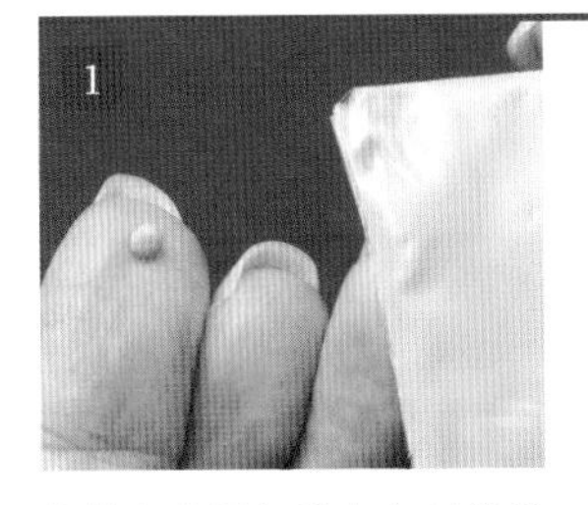

将装有黄绿色黏土自封袋里的空气排出，之后用剪刀将袋子其中一个角剪出一个约1毫米的口子。按压自封袋，挤出黏土，搓出一个直径约3毫米的小圆粒。

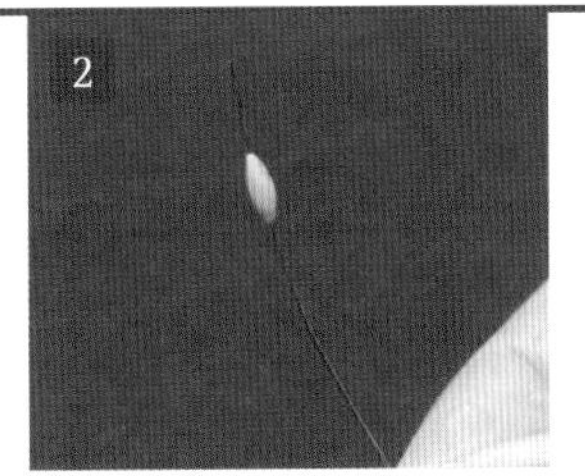

剪下长约5厘米的铜线，将1的黏土均匀地包裹在铜线上侧，呈米粒状。

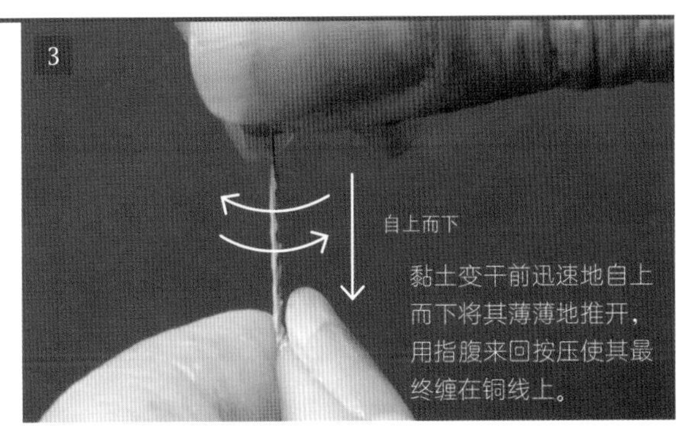

黏土变干前迅速地自上而下将其薄薄地推开，用指腹来回按压使其最终缠在铜线上。

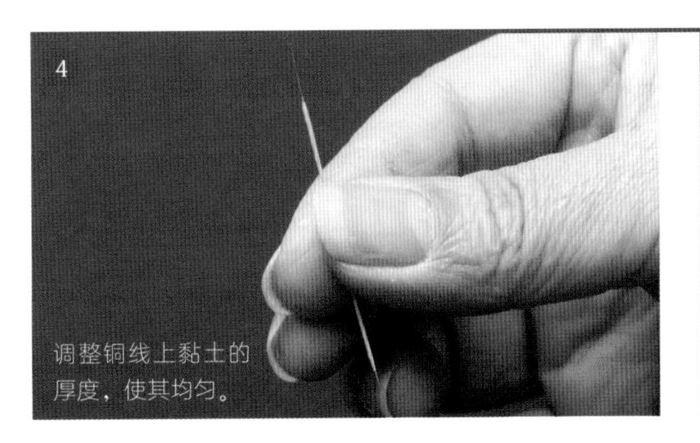

调整铜线上黏土的厚度，使其均匀。

用剪刀剪去上侧未附着黏土的铜线，约3厘米黄绿色的细长部分就完成了。另外再制作2个同样的部件用作花茎和叶柄。将铜线的下端插入纳米海绵。

组装花朵

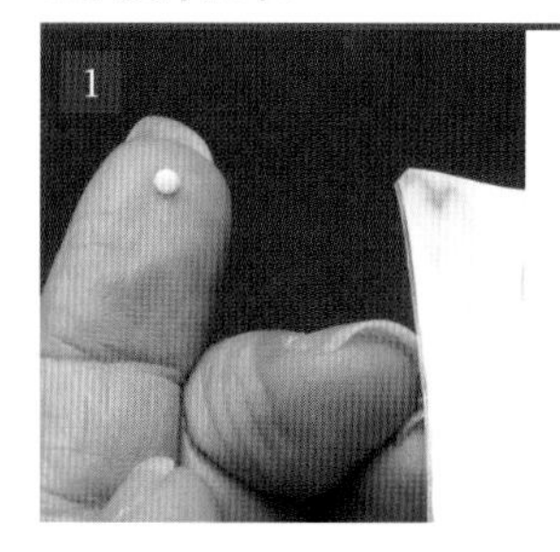

将少量黄绿色颜料揉入树脂黏土里，放入自封袋，挤出直径约3毫米的树脂黏土小圆粒。

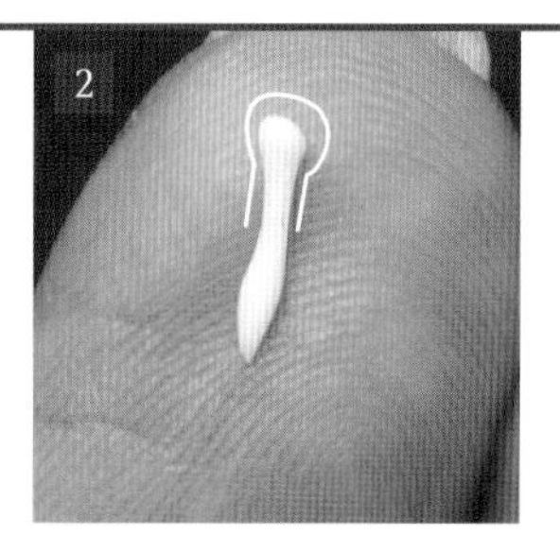

用指腹搓出顶端为圆形的大圆锥形。

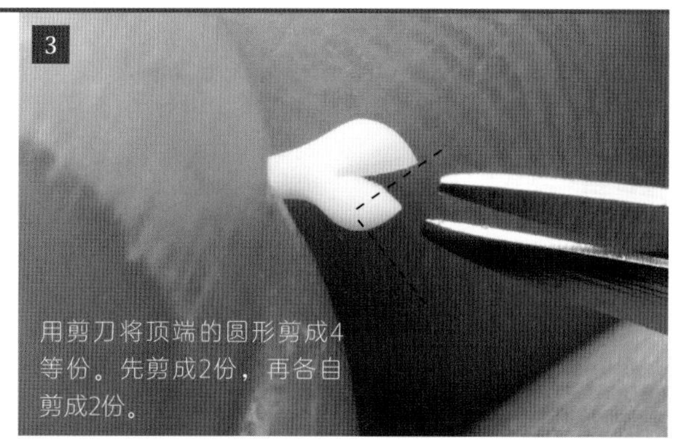

用剪刀将顶端的圆形剪成4等份。先剪成2份，再各自剪成2份。

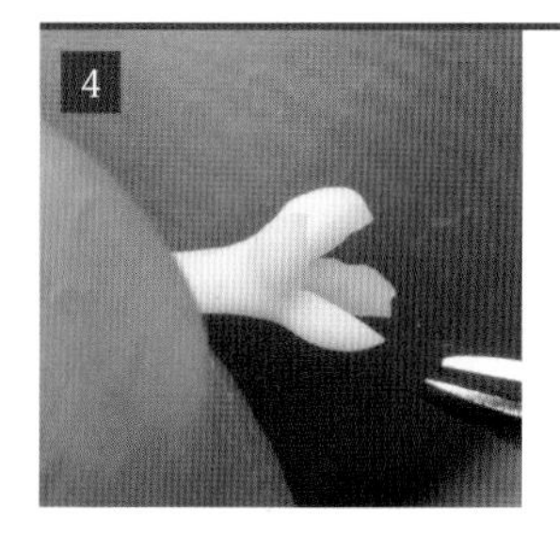

图片是4等份的完成图。剪口处将成为花瓣，因此尽量均等剪切。

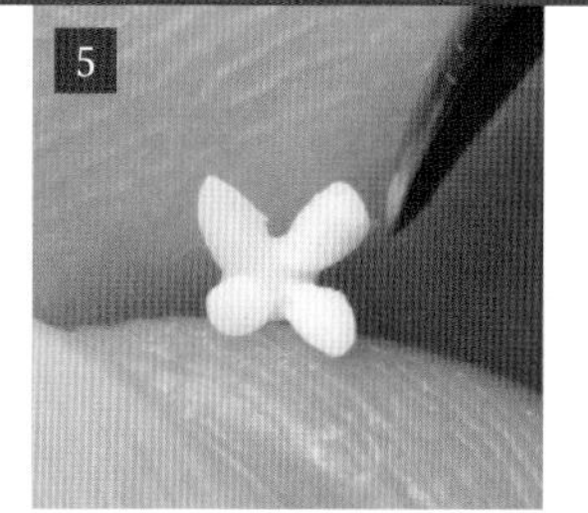

用黏土专用棒将切开的4片花瓣向外打开。

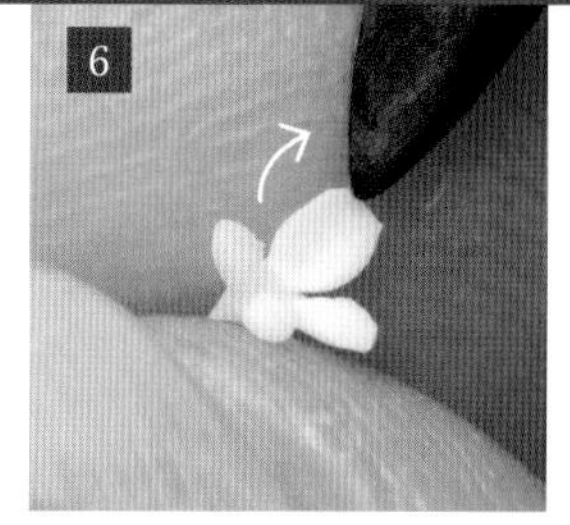

指腹捏住花柄，将专用棒对准花心，由里朝外按压花瓣使其变薄。

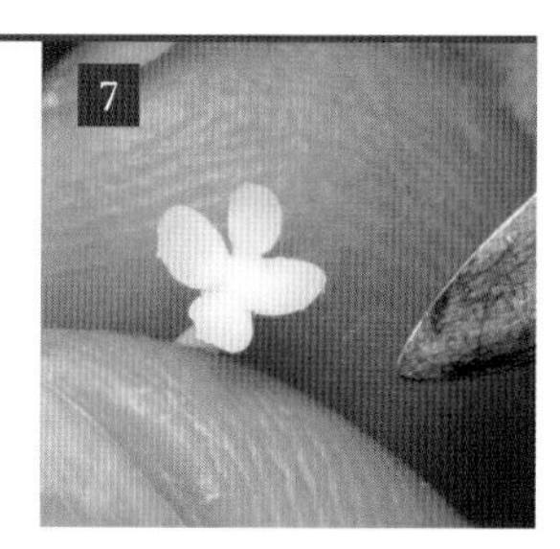

同样的步骤处理剩余3片花瓣。使4片花瓣方向全部朝外，成形。

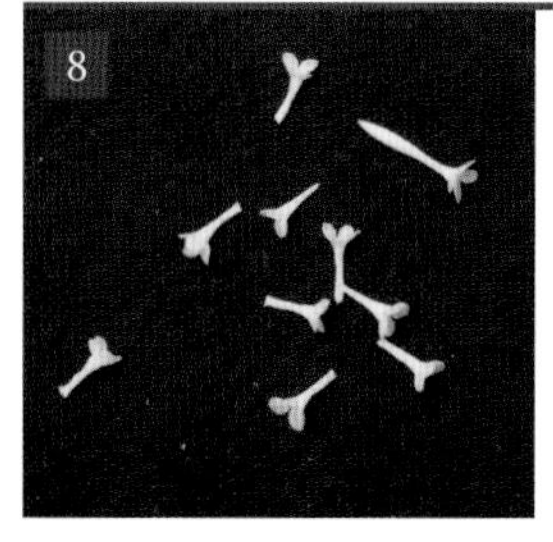

重复1～7，制作12～30个相同的花朵部件。

用剪刀将每朵花下部修成长8～9毫米。有些许长短差异也无妨。

10

在9中花朵的底部涂抹黏着剂，将其粘在花茎的前端。

用同样的方法将其他花粘在花茎的前端，组装成圆球状。

图片是完成图。花的数量和花茎的长度会影响整体的大小。

制作叶片

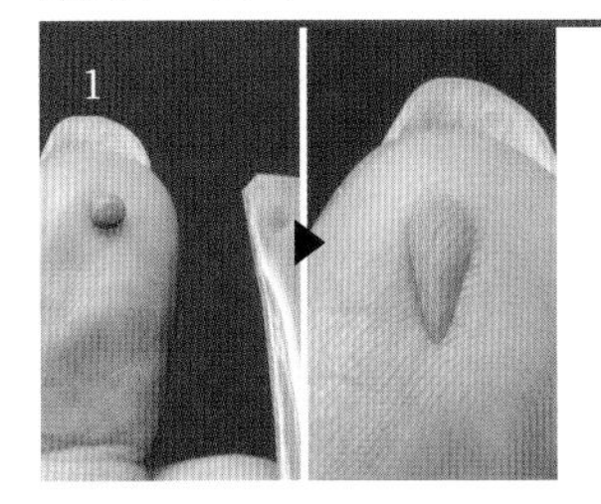

1 将白色、深绿色及褐色颜料揉入树脂黏土，放入自封袋，挤出约5毫米大小的小圆粒，做成深绿色水滴状。

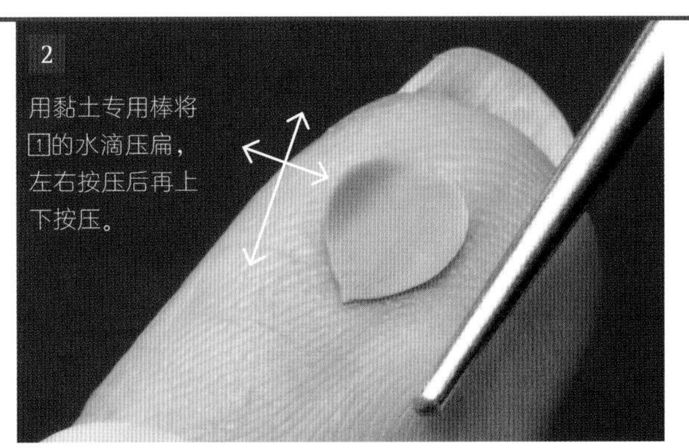

2 用黏土专用棒将1的水滴压扁，左右按压后再上下按压。

3 用珠针画出纹路，做出叶脉。

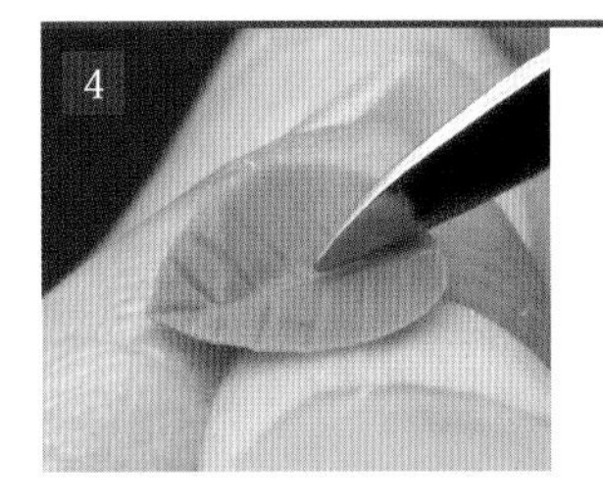

4 待3稍变干后用黏土专用棒在叶脉中间按压出中线，让叶片边缘微微翘起。

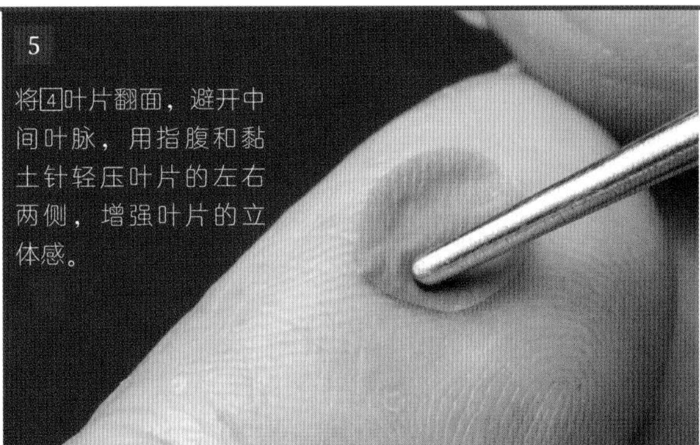

5 将4叶片翻面，避开中间叶脉，用指腹和黏土针轻压叶片的左右两侧，增强叶片的立体感。

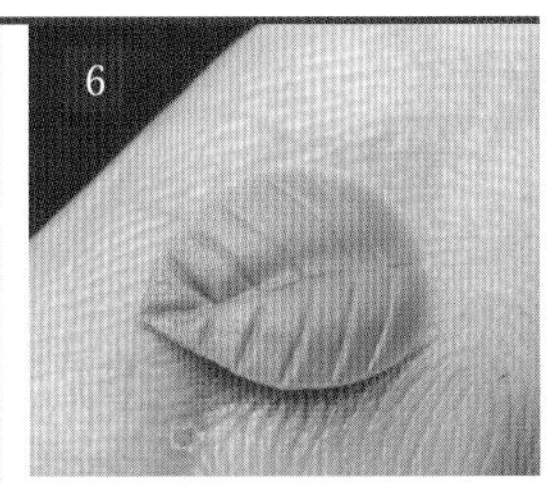

6 将5的叶片翻回正面，一片有立体感的叶片就完成了。重复1～6，再制作一枚叶片。

组装

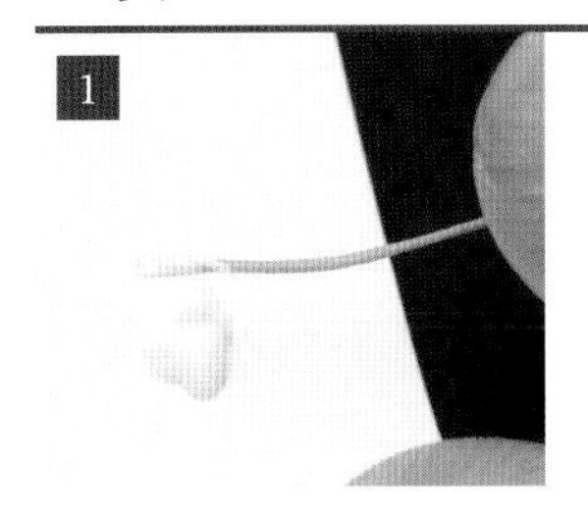

1 留出一枝花茎，切成2等份作为叶柄。将黏着剂涂抹在切好的花茎前端。

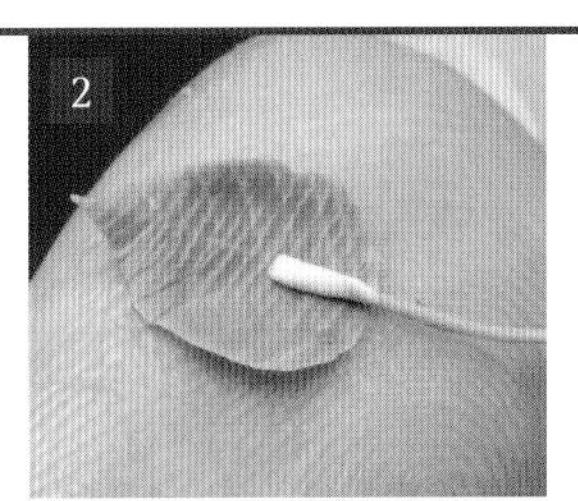

2 把叶片翻过来，将1的花茎粘在叶片中央靠下的位置。

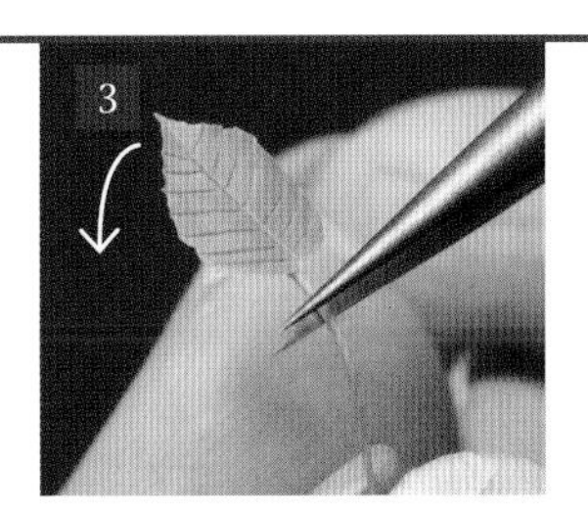

3 将叶片翻回正面，用镊子夹住叶片下方约3毫米的位置，使叶片整体向外弯曲。

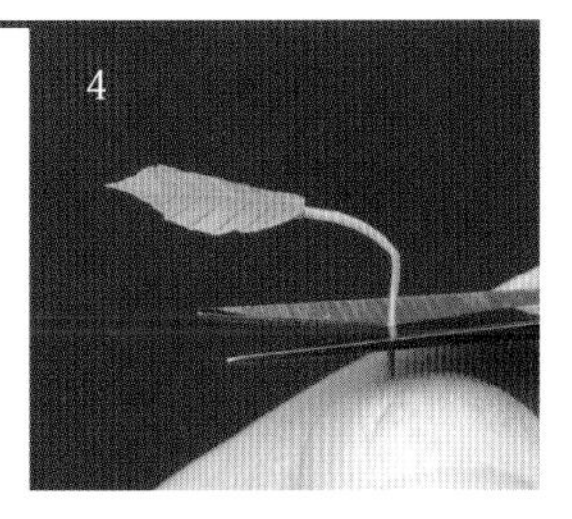

4 在3的弯折处留下约5毫米后剪断。带有叶柄的叶片就完成了。

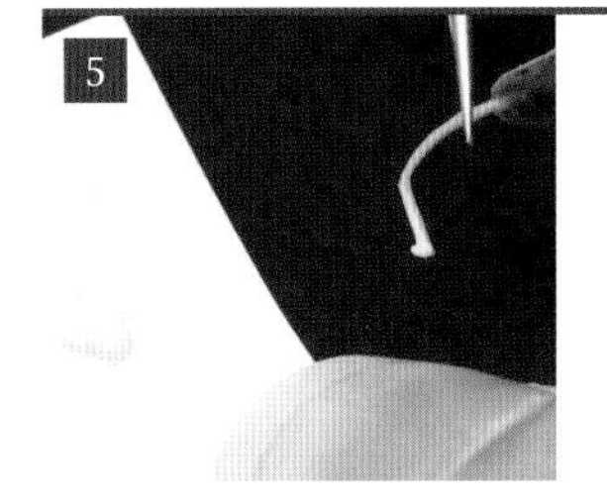

5 将黏着剂涂抹在4的叶柄末端。

6 将叶片粘在花下5～7毫米处。

7 重复1～6，再完成一枚叶片，与花朵粘接即完成。

葡萄风信子的制作方法

准备材料

树脂黏土、水彩颜料（白色、绿色、深绿色、黄绿色、蓝色）、0.16毫米铜线、珠针、黏着剂、黏土专用棒、镊子、笔、黏土专用剪刀、自封袋、纳米海绵。

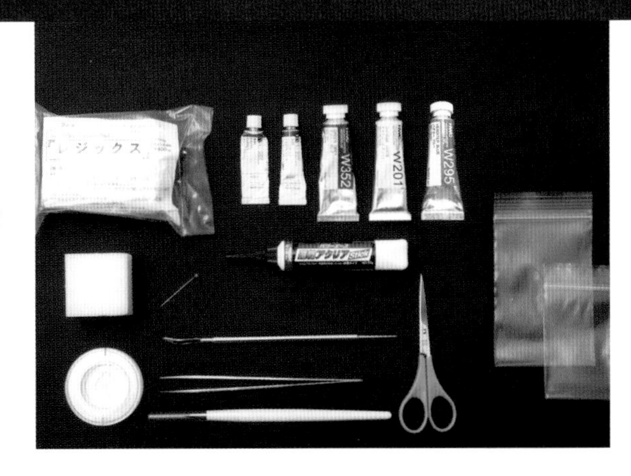

准备黏土

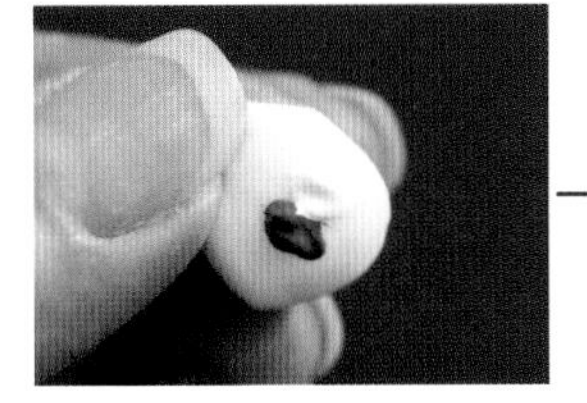

树脂黏土变干后呈透明色，因此一定要混入少量白色颜料，再根据用途加入其他颜料调色。

→

一点一点加入水彩颜料，在黏土变干前快速地揉搓、上色。

→

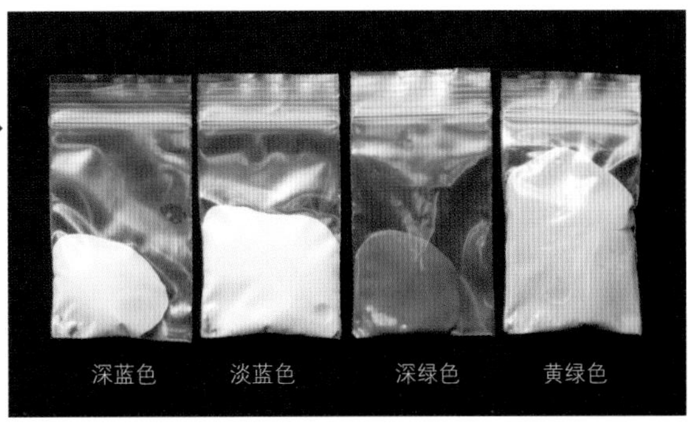

将黏土按颜色进行分类，装入不同的自封袋里。

制作花茎

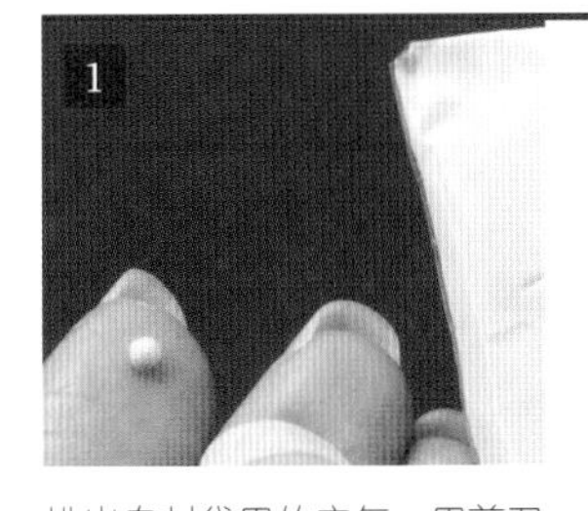

排出自封袋里的空气。用剪刀将自封袋其中一个角剪出一个约1毫米的口子。按压自封袋，挤出黄绿色黏土，搓出一个直径约3毫米的小圆粒。

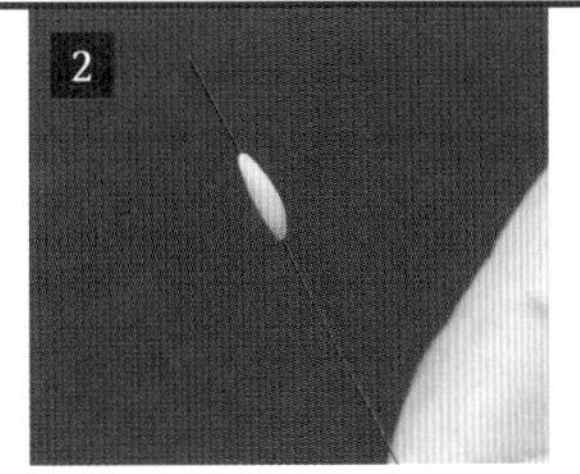

剪下长约5厘米的铜线，将1的黏土均匀地包裹在铜线的上侧，呈米粒状。

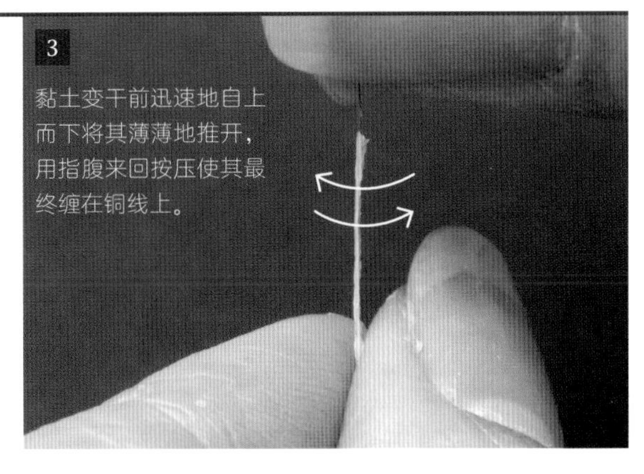

黏土变干前迅速地自上而下将其薄薄地推开，用指腹来回按压使其最终缠在铜线上。

调整铜线上黏土的厚度，使其均匀。

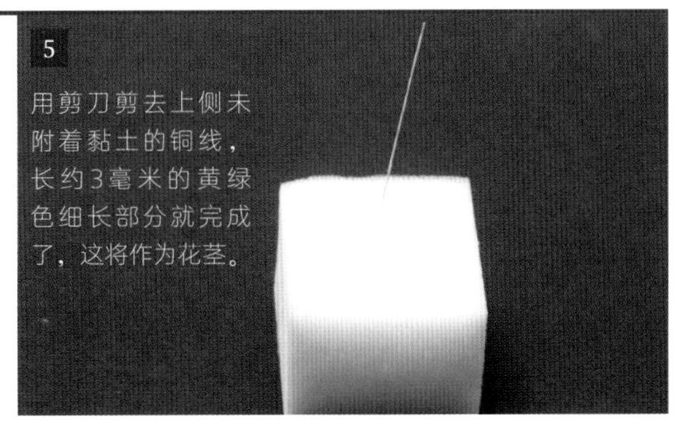

用剪刀剪去上侧未附着黏土的铜线，长约3毫米的黄绿色细长部分就完成了，这将作为花茎。

组装花朵

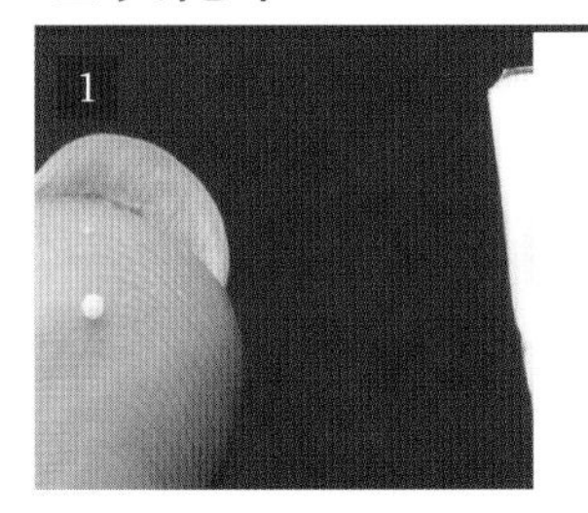

1 将淡蓝色颜料揉入树脂黏土，从自封袋中挤出直径约0.8毫米的黏土，用指腹揉成小圆粒。

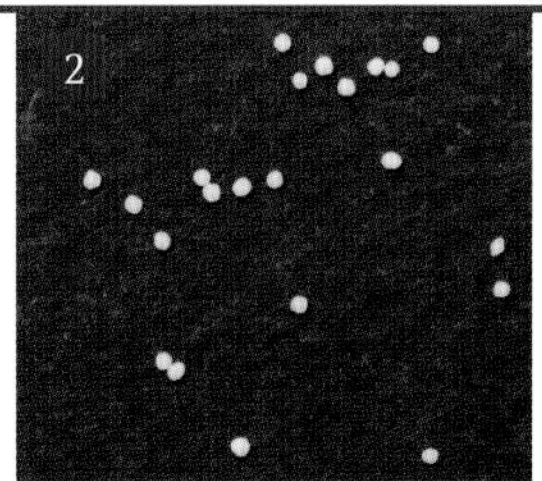

2 重复1，制作15个以上的小圆粒。

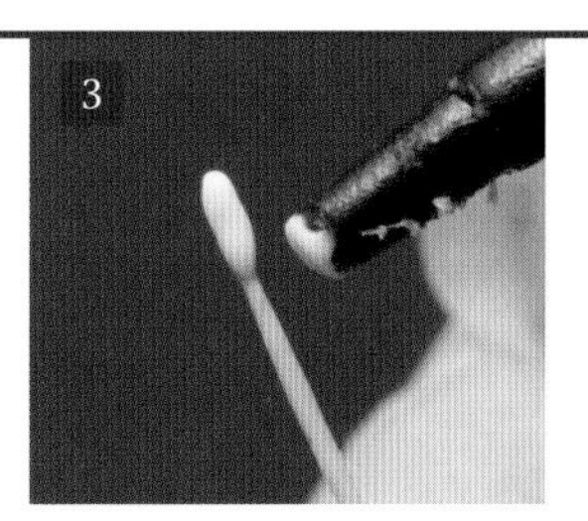

3 在花茎前端2～3毫米处，涂满黏着剂。

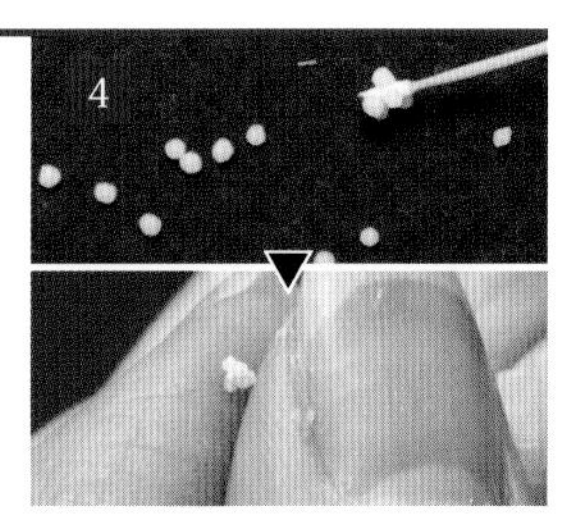

4 将2做好的小圆粒尽可能全都粘在3的黏着剂上。为了使小圆粒尽量紧密地连在一起，用手指从上往下轻轻按压进行调整。

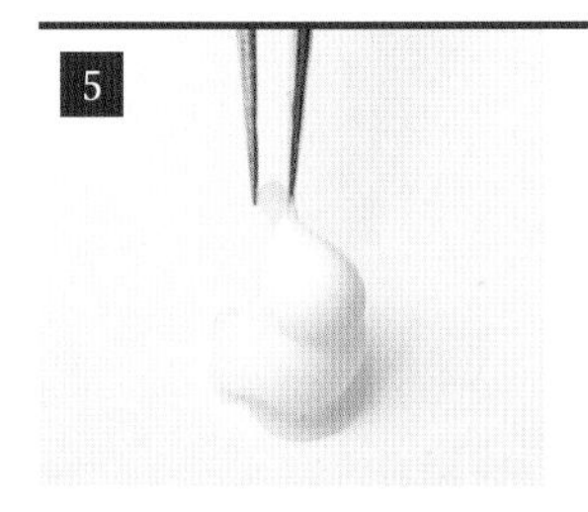

5 用镊子夹起小圆粒，在其表面某一处涂抹黏着剂。

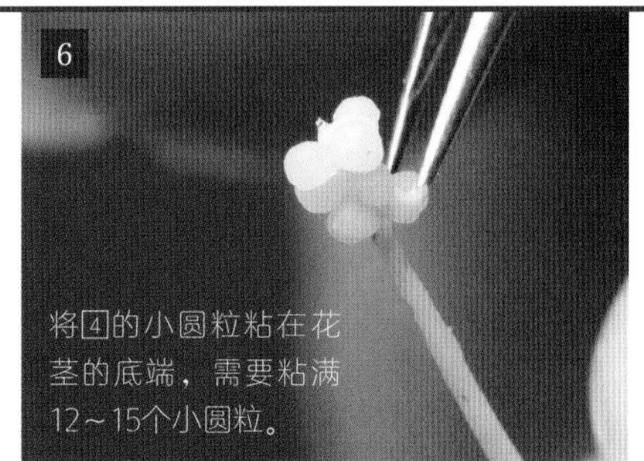

6 将4的小圆粒粘在花茎的底端，需要粘满12～15个小圆粒。

7 小圆粒全部粘好后，用手指将整体塑形呈圆锥状。到此花苞部分完成。

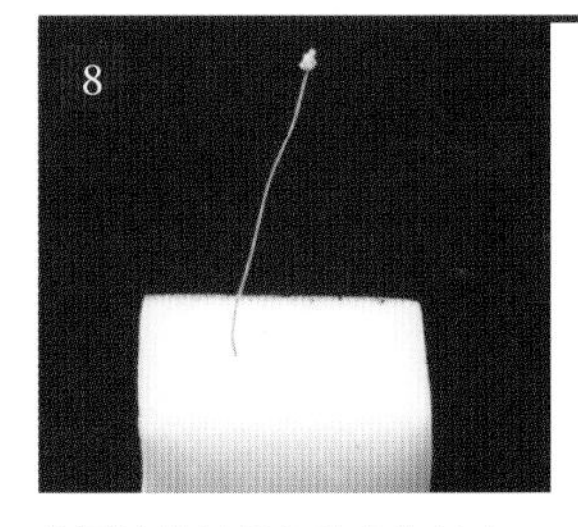

8 将7的花茎插在纳米海绵上。

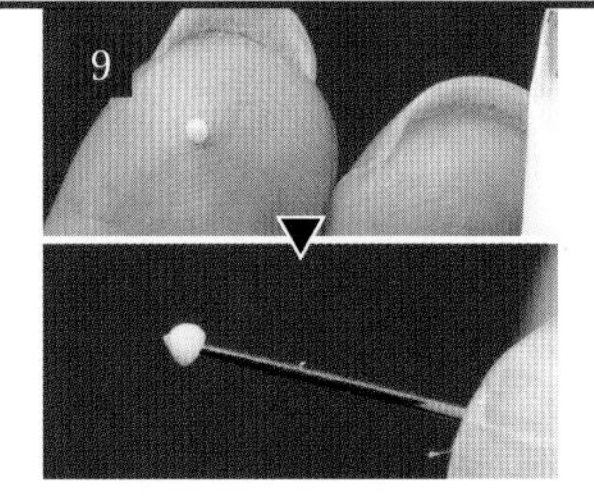

9 往树脂黏土中掺入深蓝色颜料，从自封袋中挤出直径约8毫米的小圆粒，串在珠针的顶端。此时，确保针尖部分的黏土不掉落。

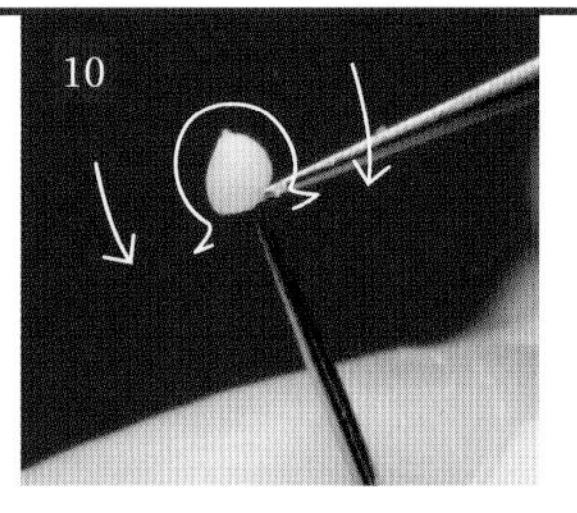

10 用镊子尖端由上往下压，塑成壶状，花朵完成。

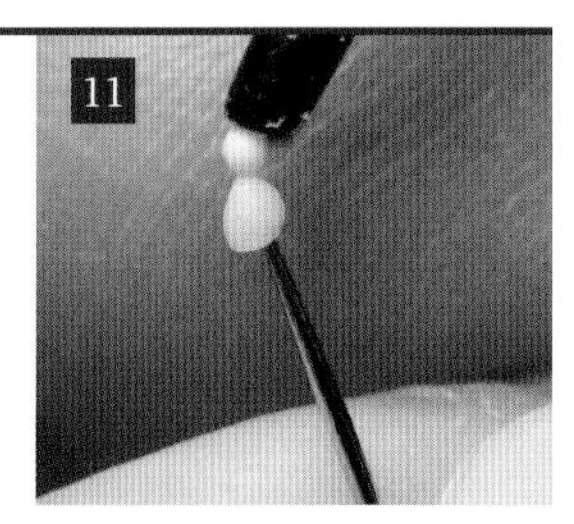

11 将10的顶端涂满黏着剂。

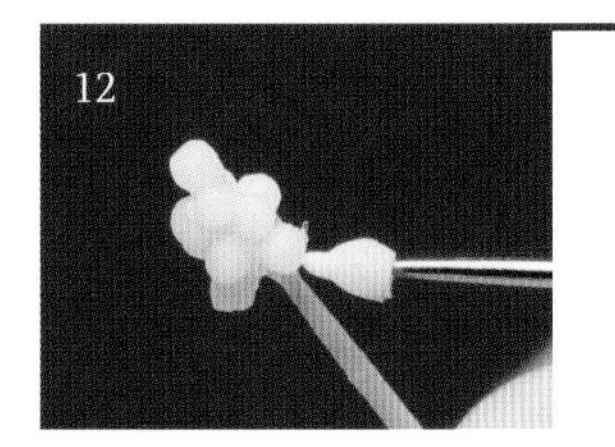

12 将花朵粘在8的花苞下方，再抽出珠针。珠针无法取出时借助镊子即可取出。

13 重复9～12，完成第一层的5～6朵花后，再继续制作、粘上第2层花。

14 从花苞的顶部到2~3层的位置，用笔涂上淡黄绿色，花序就完成了。

制作叶片

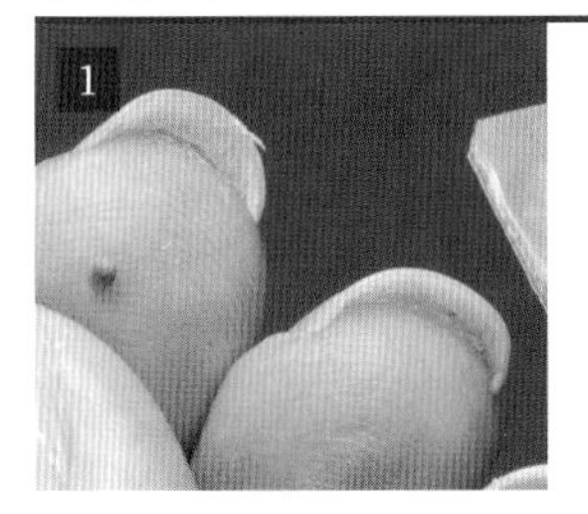

树脂黏土中揉入白色和深绿色颜料，装入自封袋之后挤出直径约3毫米的小圆粒。

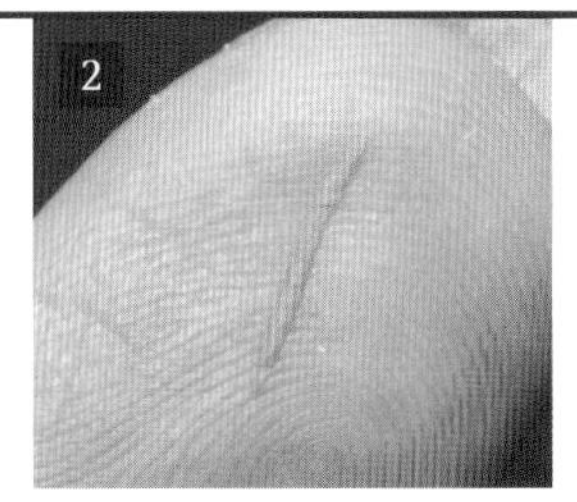

将小圆粒搓至1厘米长。

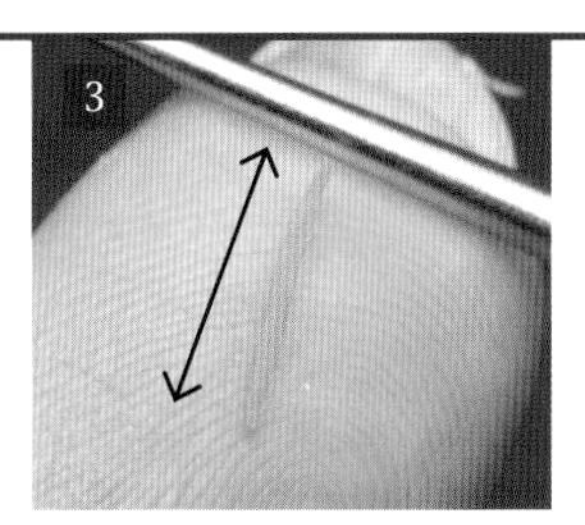

用黏土专用棒轻轻碾压小圆粒使其变成长而扁的条状物。注意不要过薄。

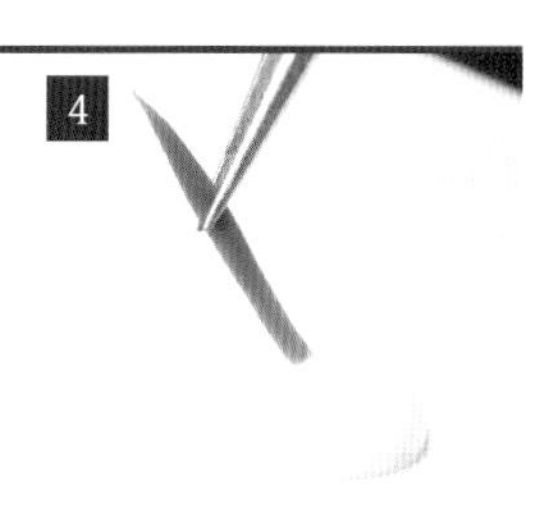

在条状物的下侧涂抹黏着剂。

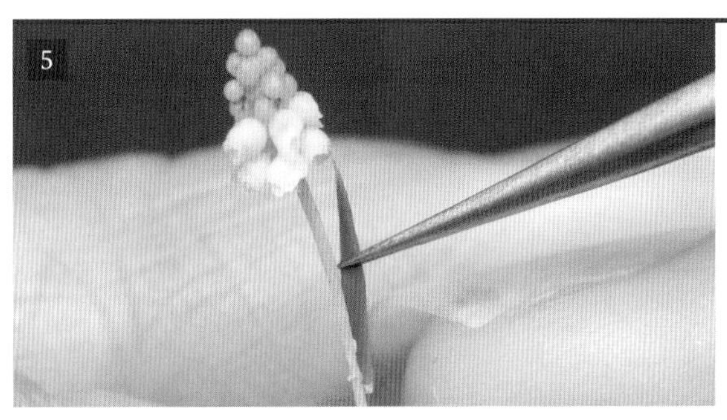

将条状物粘在嵌着花朵的花茎下段。

重复1~5，粘上4~5枚叶片即完成。

若要粘接球根

准备物品 揉入米黄色颜料的树脂黏土、咖啡色颜料、笔

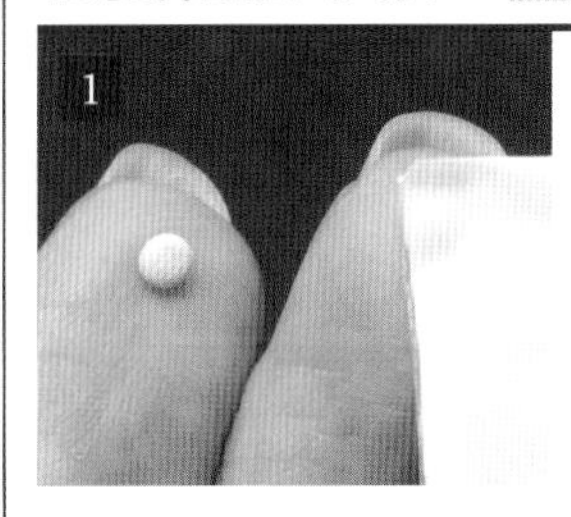

搓出3~4个米黄色黏土小圆粒。

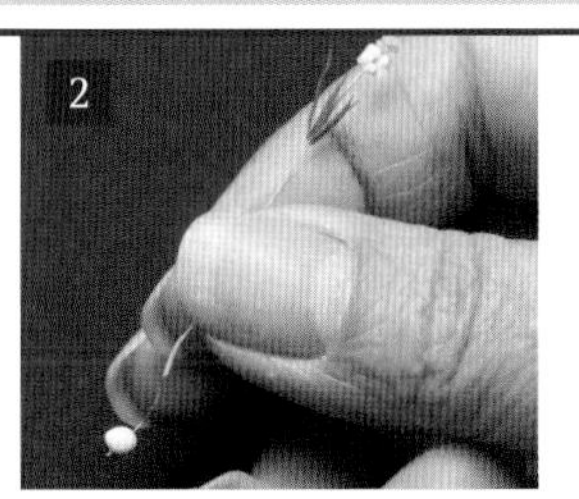

在花茎下端的铜线上插小圆粒，稍向上推动。

叶片下端涂一圈黏着剂。

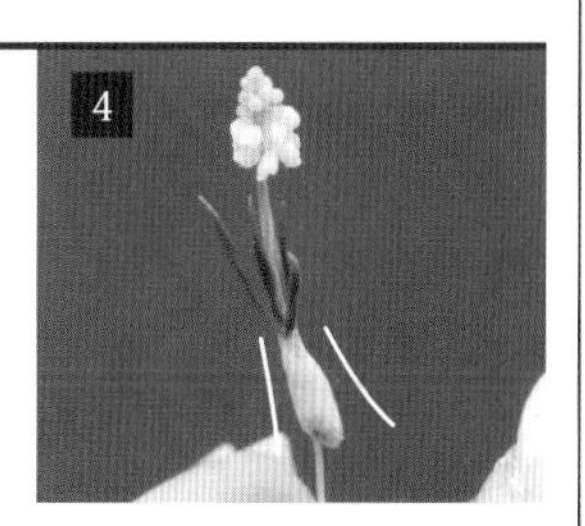

使小圆粒向上延展至黏着剂涂抹处，将两者自然地融合在一起，少量遮盖叶片即可。

从下往上推压黏土，使黏土表面产生褶皱。

将5的下端搓成圆壶形。

在米黄色黏土表面用笔涂上咖啡色，待黏土干后即可完成。

水仙的制作方法

准备材料

树脂黏土、水彩颜料（白色、绿色、深绿色、黄绿色、深棕色）、0.16毫米铜线、珠针、黏着剂、黏土专用棒、镊子、笔、黏土专用剪刀、自封袋、纳米海绵。

准备黏土

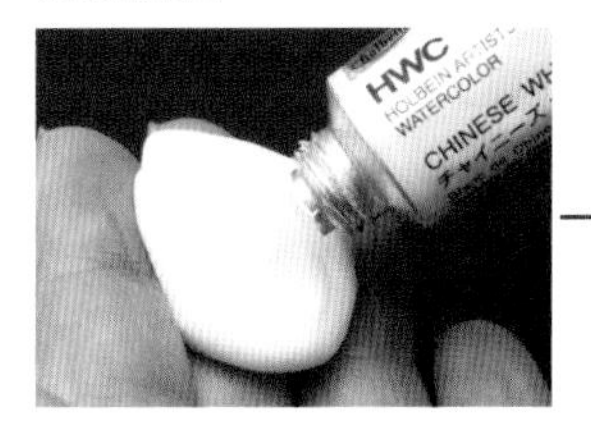

树脂黏土变干后会呈透明色，因此一定要混入少量白色颜料，再根据用途加入其他颜料调色。

→

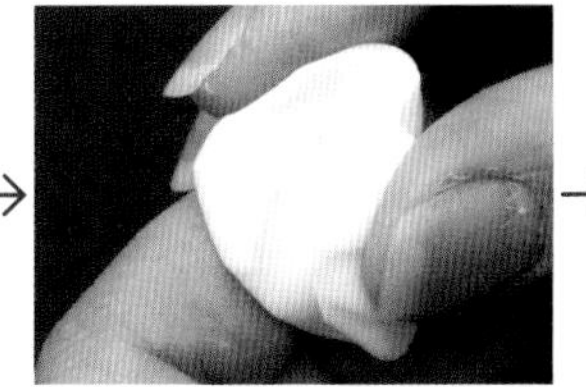

一点一点加入水彩颜料，在黏土变干前快速地揉搓、上色。

→

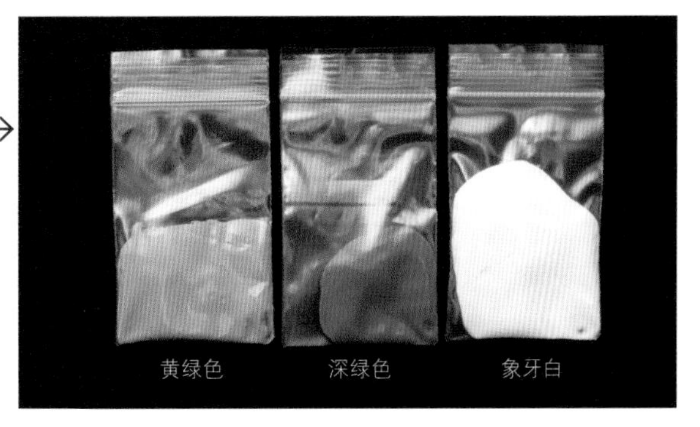

将黏土按颜色进行分类，装入不同的自封袋里。

制作花茎

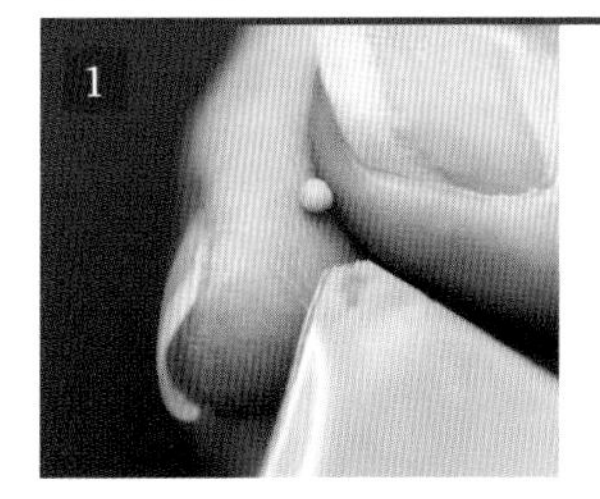

排空自封袋的空气，用剪刀将自封袋其中一个角剪出一个直径约1毫米的口子。按压自封袋，挤出黄绿色黏土，搓出一个直径约3毫米的小圆粒。

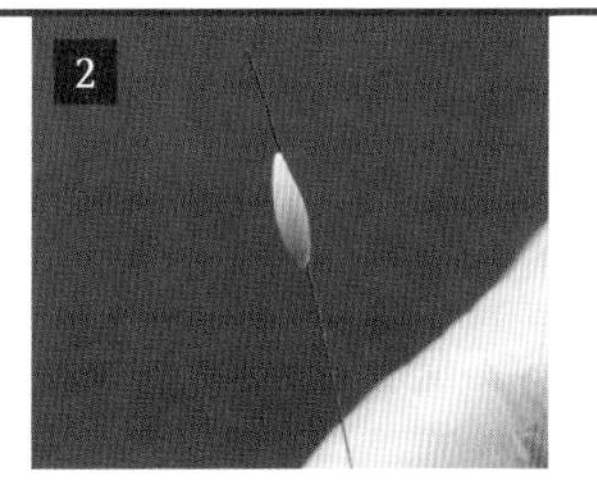

剪下长约5厘米的铜线，将[1]的黏土均匀地包裹在铜线的上侧，呈米粒状。

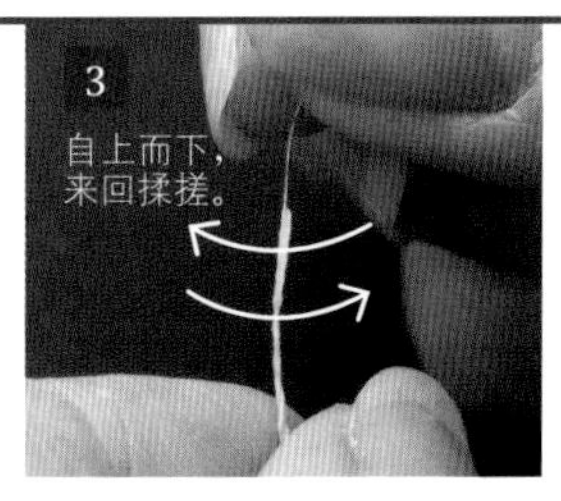

黏土变干前迅速地自上而下将其薄薄地推开，用指腹来回按压使其最终缠在铜线上。

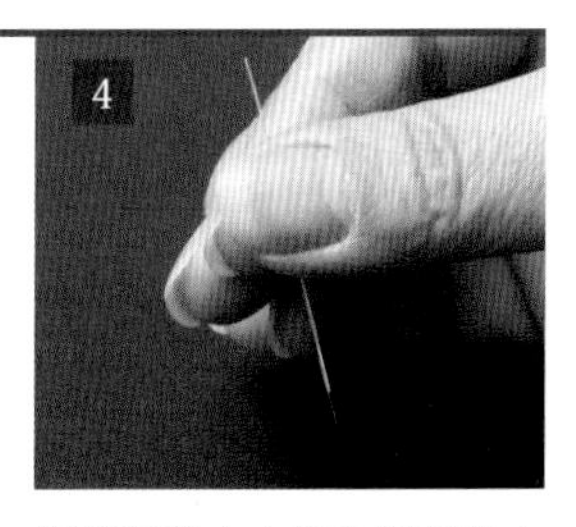

用剪刀剪去上侧未附着黏土的铜线，长约3毫米的黄绿色细长条就完成了，这将作为花茎。将其插在纳米海绵上备用。

制作花蕊

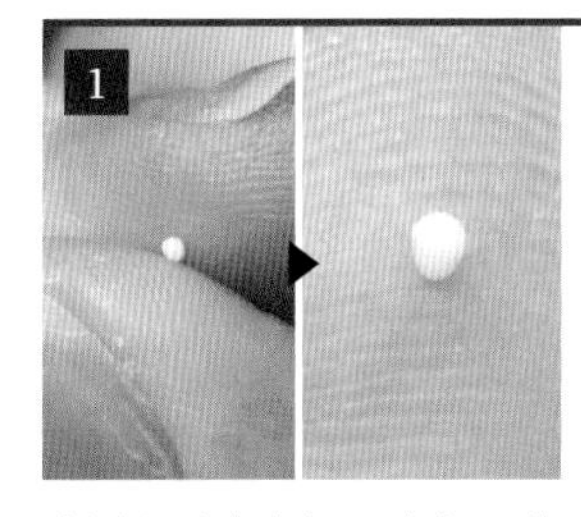

往树脂黏土中加入白色、焦糖色颜料，混合成象牙白色。再从自封袋挤出约1毫米大小的黏土，用指腹揉圆，揉成水滴状。

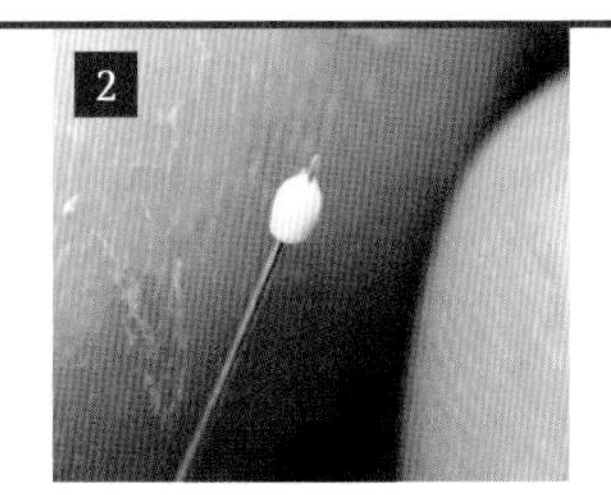

按照先粗后细的方向将珠针的针尖插入[1]的水滴状黏土中。此时，要注意黏土不要从针尖掉落。

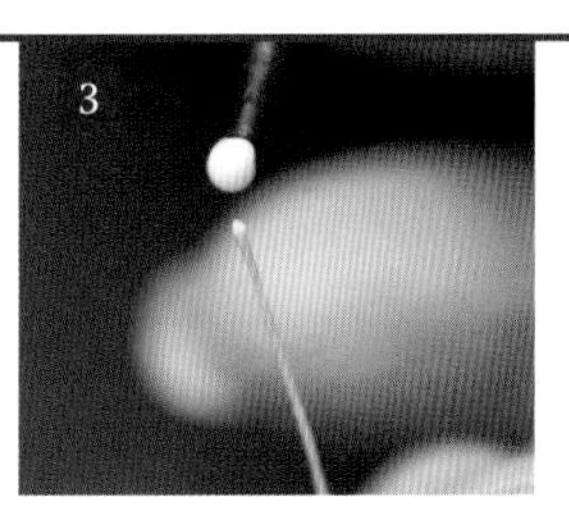

在花茎的前端涂抹黏着剂。

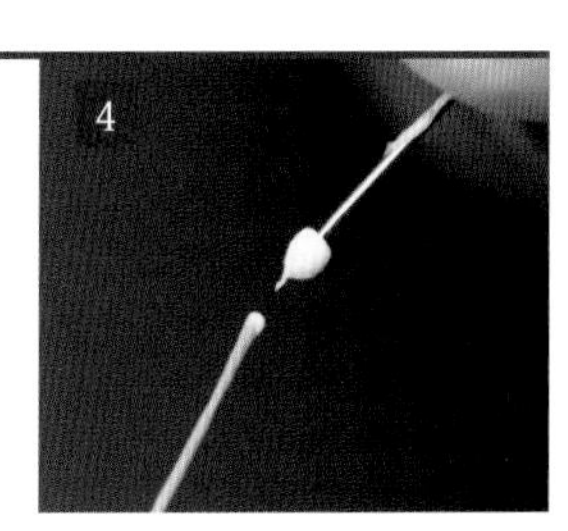

将[2]的细长条粘在[3]的黏着剂涂抹处。

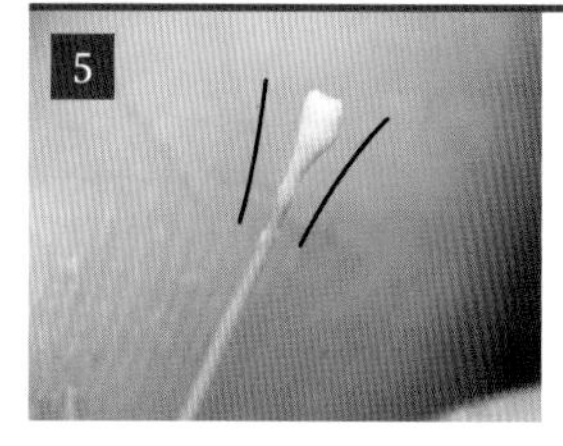

为紧密粘合象牙白筒状部件，在粘合处用手指上下推压，塑成自然细长的样子。请小心不要让珠针刺出的洞闭合。

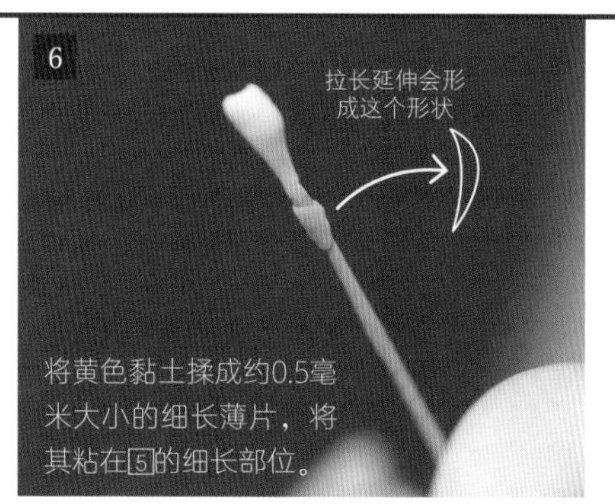

将黄色黏土揉成约0.5毫米大小的细长薄片，将其粘在[5]的细长部位。

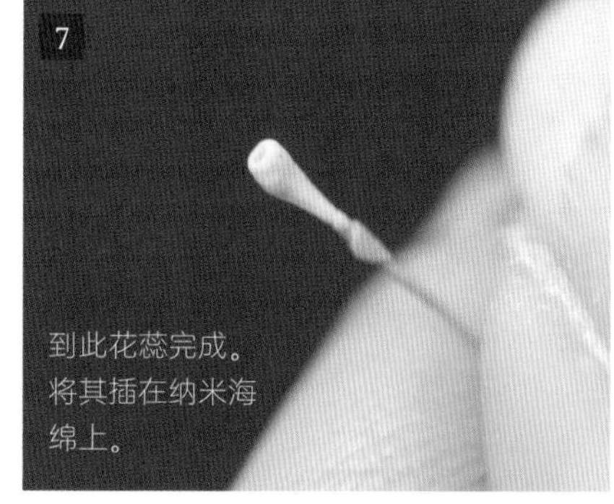

到此花蕊完成。将其插在纳米海绵上。

组装花瓣

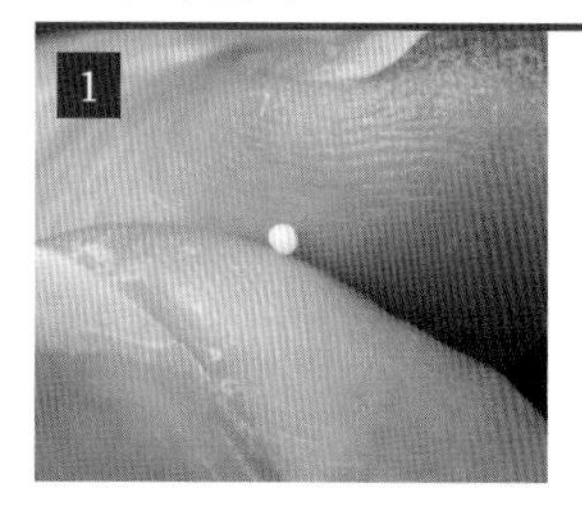

往树脂黏土中混入象牙白色颜料。再从自封袋中挤出约1毫米黏土，继续搓成小圆粒。

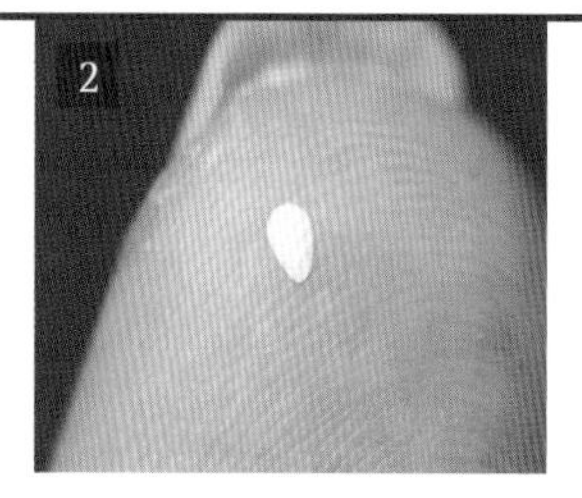

将小圆粒搓成水滴状，用指腹压扁。

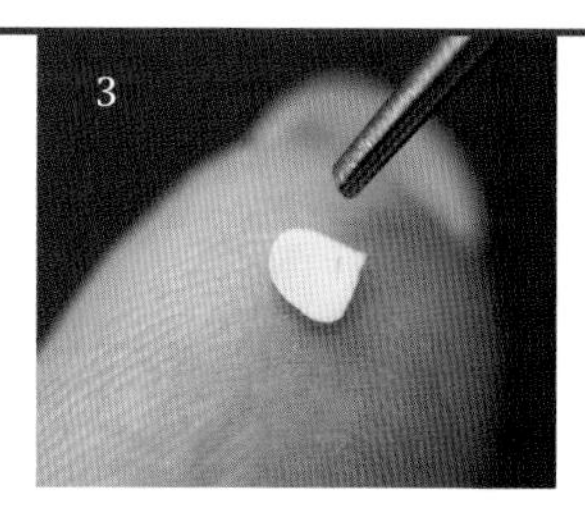

用黏土专用棒将[2]中的水滴前端压薄。

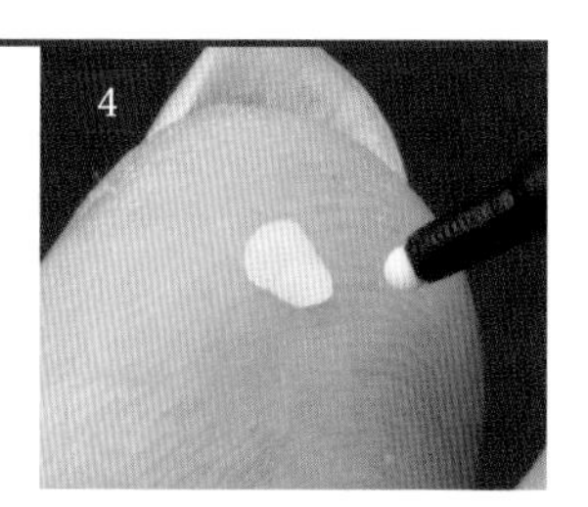

在[3]的尖端涂抹黏着剂。

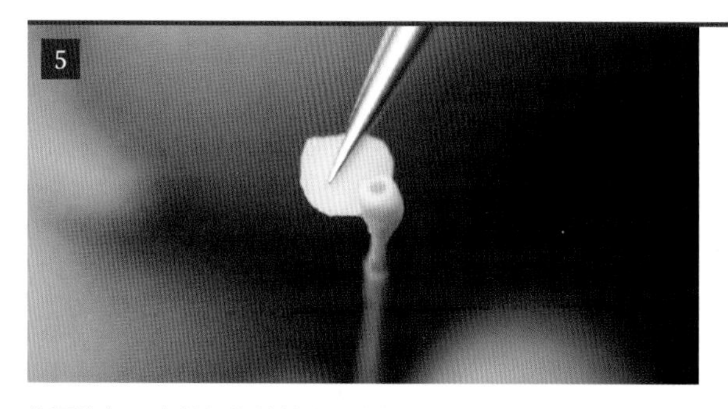

将[4]粘在预先做好的花蕊较细的部分。

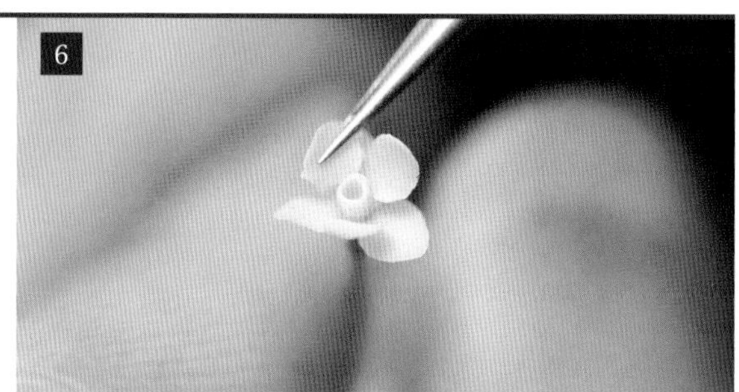

重复[1]~[5]，制作6片花瓣，花朵完成。

粘合薄膜

用镊子夹住花朵下方黄绿色黏土卷覆处的下端，轻轻地使其弯曲约60°。

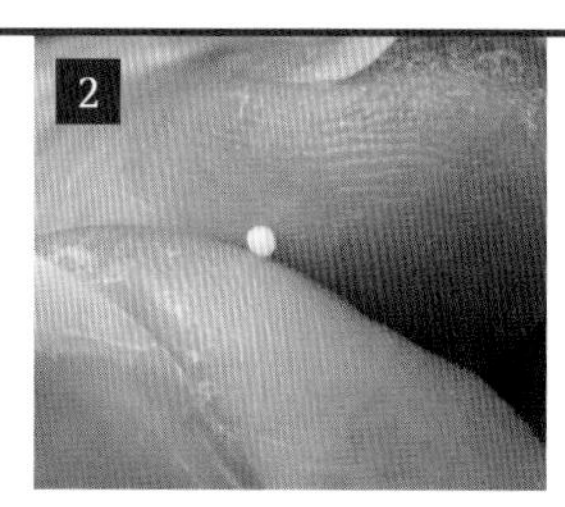

挤出约0.5毫米的象牙白树脂黏土，用手指搓成小圆粒。

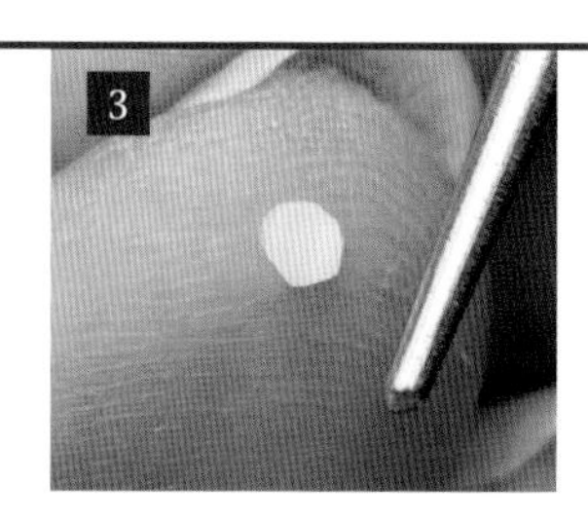

将小圆粒揉成水滴状，用指腹压扁，再用黏土专用棒将水滴状的前端压薄。

尖角朝下，尖角端涂抹黏着剂，粘在[1]弯曲的花茎部分，用手指轻轻按压使其自然粘紧。

粘合叶片

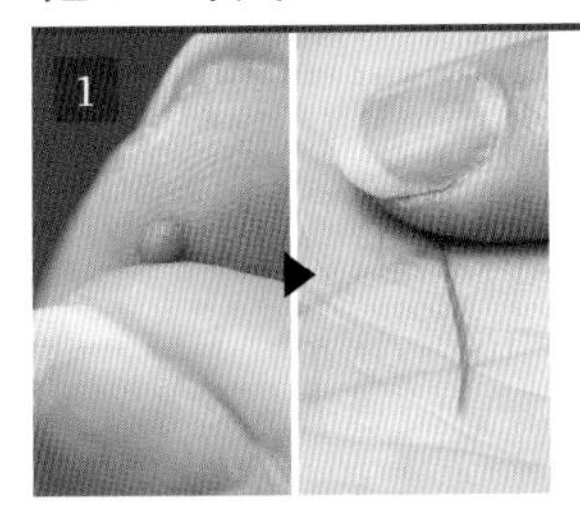

往树脂黏土中加入白色和深绿色颜料，揉搓，制作成深绿色，搓成约3毫米的小圆粒。揉搓使其延伸，成为约1.5毫米的长条。用手指压扁，轻轻抹去表面指纹。叶片完成，重复以上步骤，再做4枚叶片。

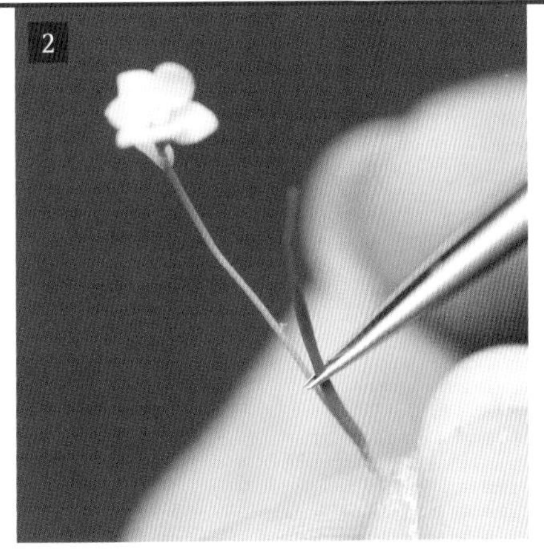

在[1]的下侧位置涂抹黏着剂，在有花朵的花茎底部粘上叶片。

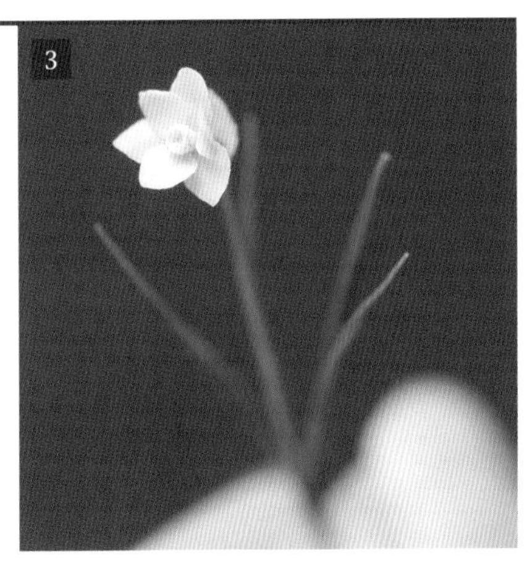

粘合了4枚叶片的成品。

粘合叶鞘

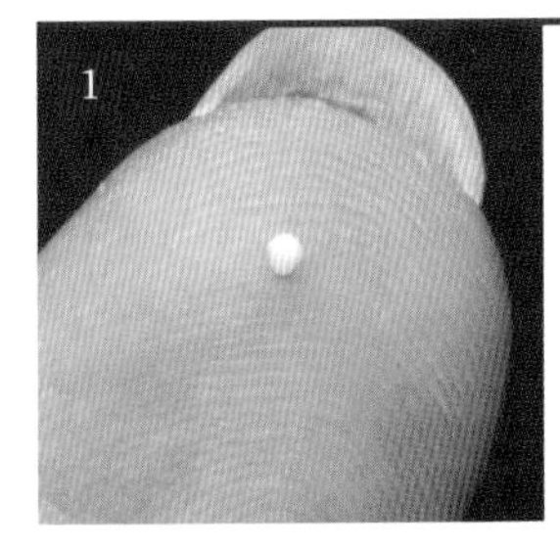

往树脂黏土中混入象牙白色颜料，再从自封袋中挤出约0.5毫米黏土，继续搓成小圆粒。

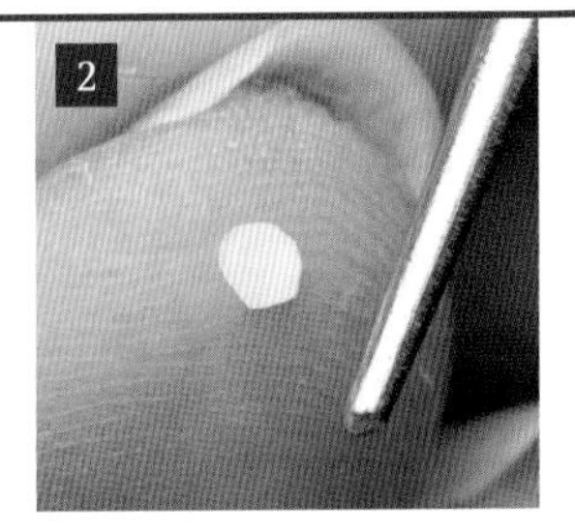

将小圆粒搓成水滴状，用指腹压扁。用黏土专用棒将水滴状的前端压薄，呈稍透明即可。

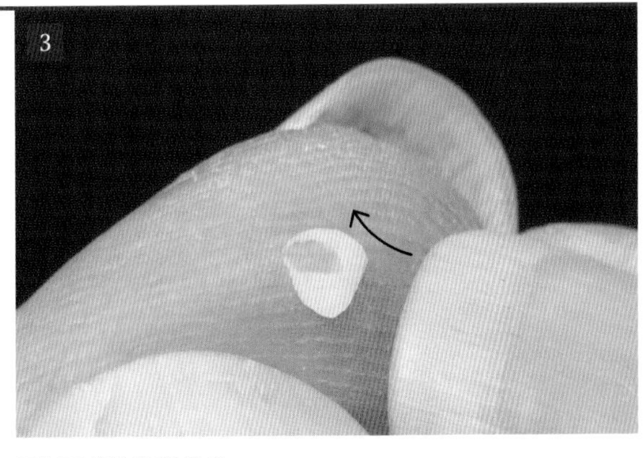

用指甲将边缘稍掀起。

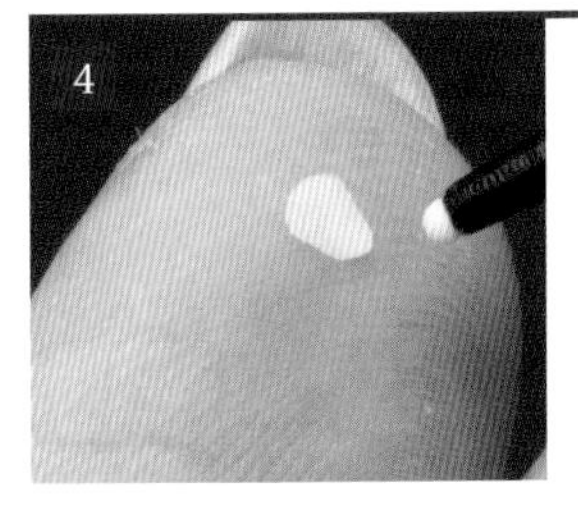

尖角朝下，在尖角端涂抹黏着剂。

在附着叶片的根部粘上[4]，以顺时针方向从后开始粘合。

用指腹揉搓[5]的下侧。水仙花就完成了。

玫瑰的制作方法

组成部分
带花蕊的花茎1枝
1片
2片
花瓣25～35片
叶片3枚
3片
10片
20片
35片
叶柄1枝
* 从左至右花瓣的片数逐渐增加。

准备材料

树脂黏土、水彩颜料（灰色、深棕色、绿色、白色、黄绿色、粉色）、0.2毫米铜线、珠针、黏着剂、黏土专用棒、镊子、笔、黏土专用剪刀、自封袋、美工刀、纳米海绵。

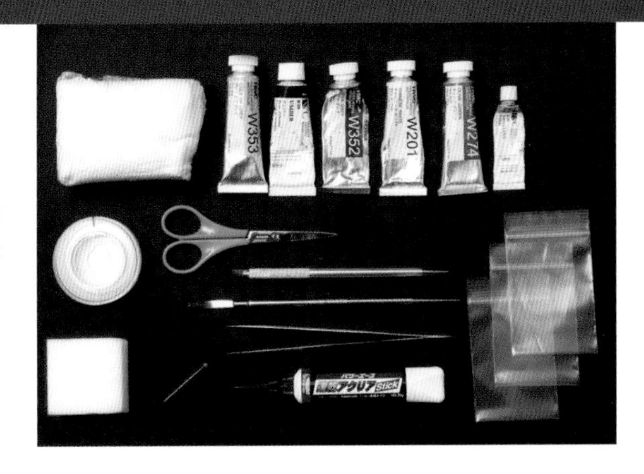

准备黏土

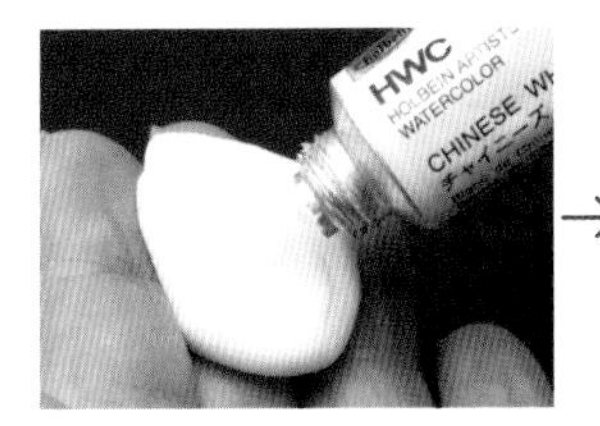

树脂黏土变干后会呈透明色，因此一定要混入少量白色颜料，再根据用途加入其他颜料调色。

→

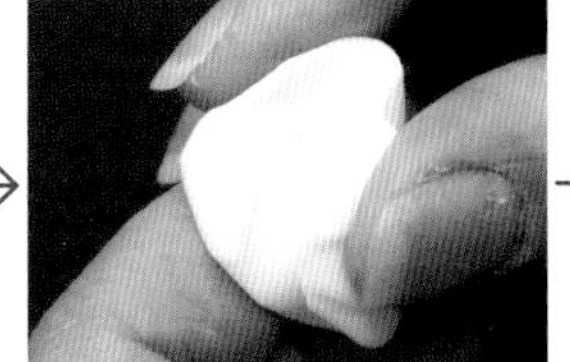

一点一点加入水彩颜料，在黏土变干前快速地揉搓、上色。

→

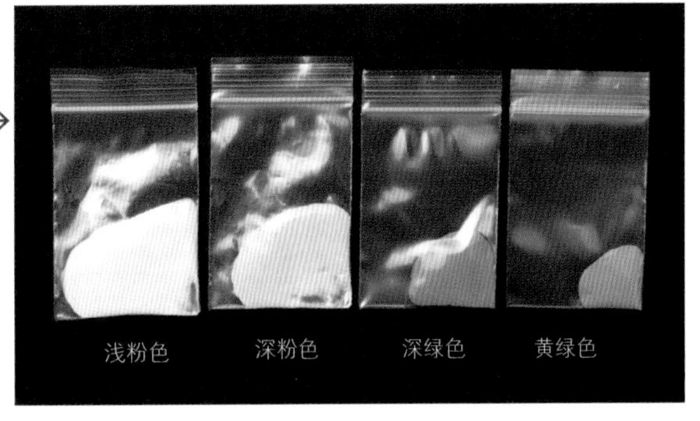

将黏土按颜色进行分类，装入不同的自封袋里。

制作花茎

排空自封袋的空气，剪出一个约1毫米的口子。按压自封袋，挤出黄绿色黏土，搓出一个直径约4毫米的圆粒。

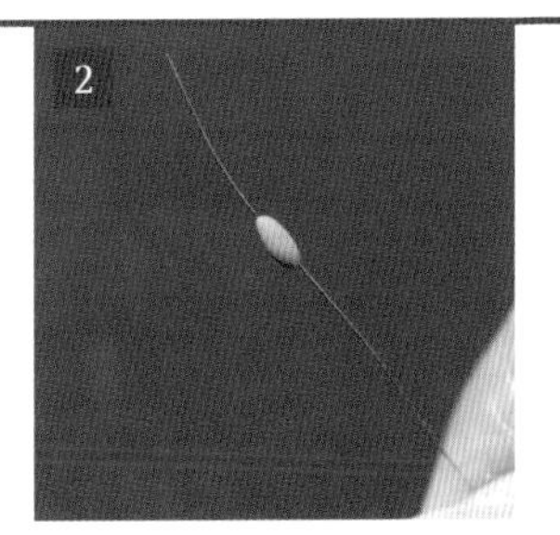

剪下长约6厘米的铜线，将1的黏土均匀地包裹在铜线的上侧，呈米粒状。

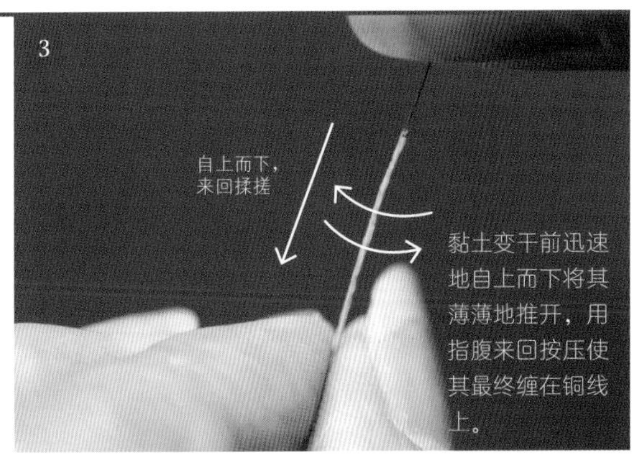

黏土变干前迅速地自上而下将其薄薄地推开，用指腹来回按压使其最终缠在铜线上。

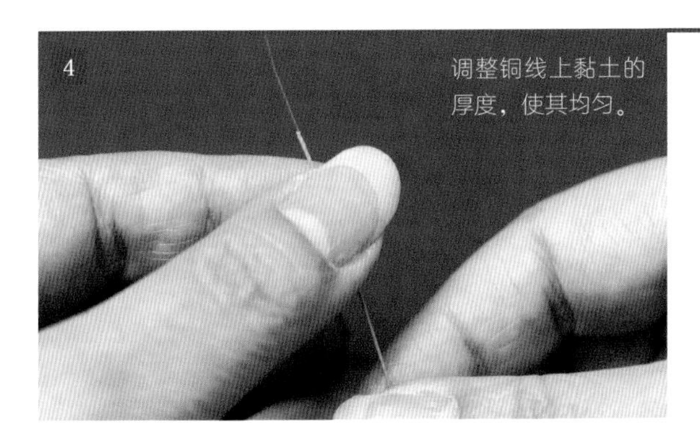

调整铜线上黏土的厚度，使其均匀。

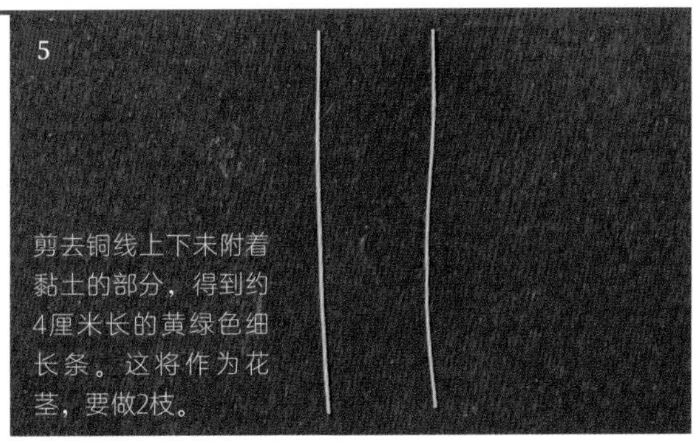

剪去铜线上下末附着黏土的部分，得到约4厘米长的黄绿色细长条。这将作为花茎，要做2枝。

制作花蕊

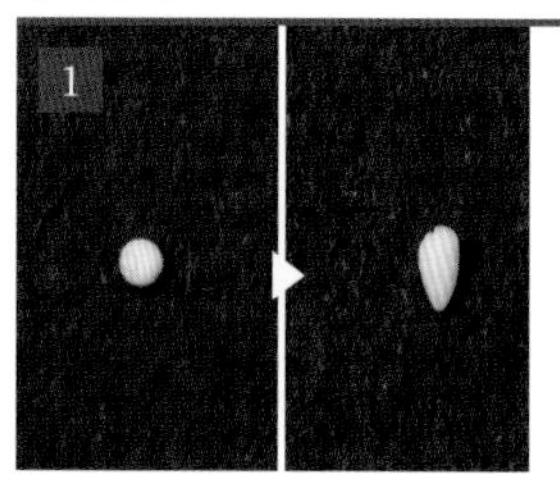

往树脂黏土中混入深粉色颜料，从自封袋中挤出直径约2.5毫米大小的黏土，用指腹将其揉圆，再塑形呈米粒状。

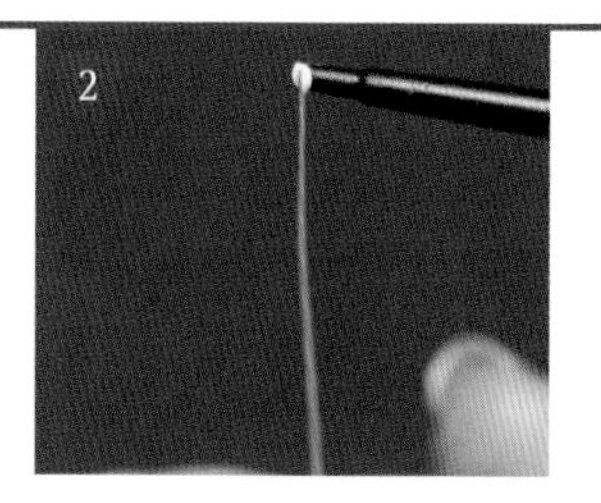

将花茎的前端涂满黏着剂。

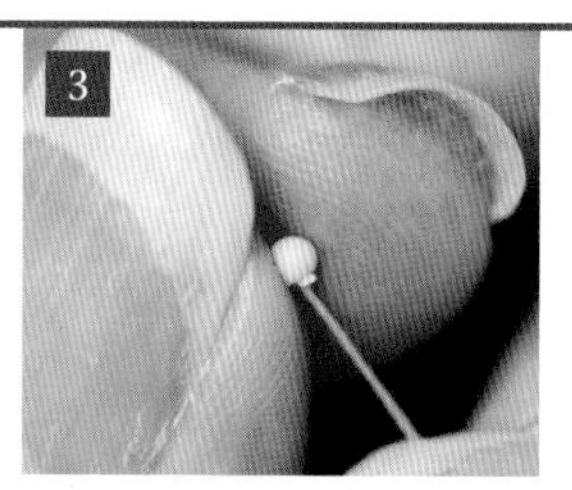

将[1]的米粒状黏土紧密地粘在花茎的前端。

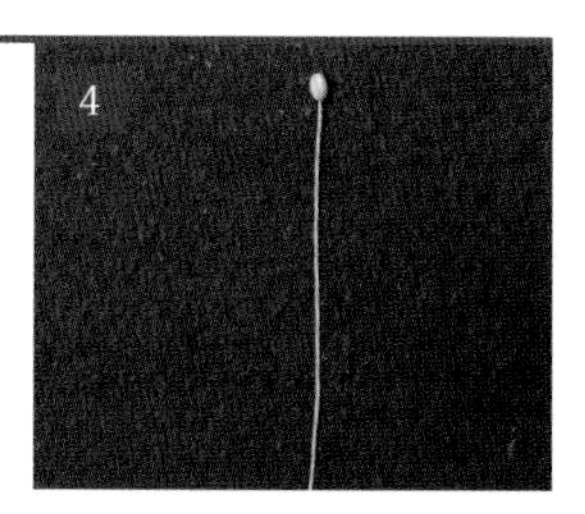

用手指自上而下进行调整、塑形。这样花蕊就做好了。

制作花朵

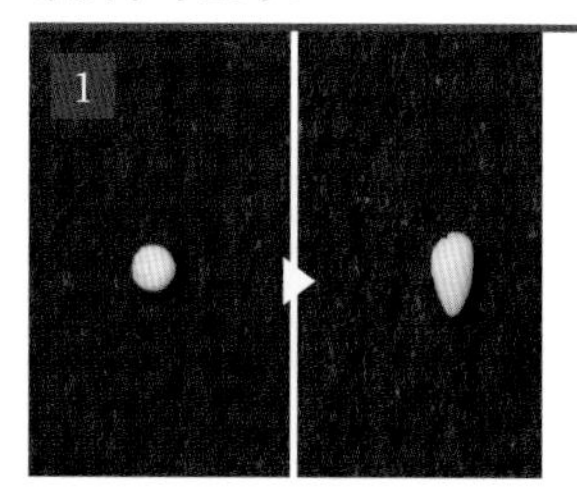

往树脂黏土中混入深粉色颜料，从自封袋中挤出约0.5毫米大小的黏土，用指腹将其揉圆，再塑形呈水滴状。

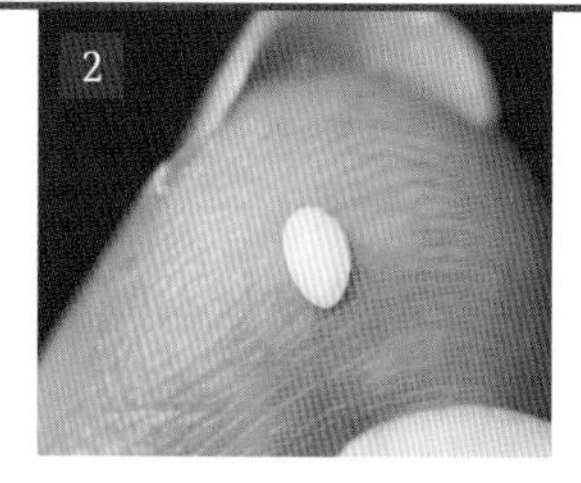

将[1]的水滴状黏土用指腹压扁。

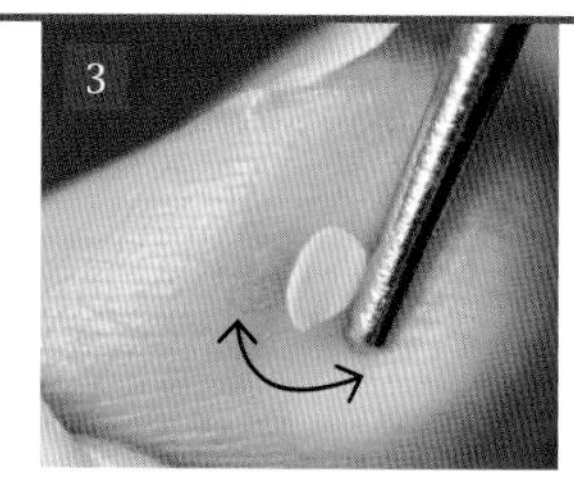

用黏土专用棒继续压薄。这将成为最中心的小花瓣，无须过薄。

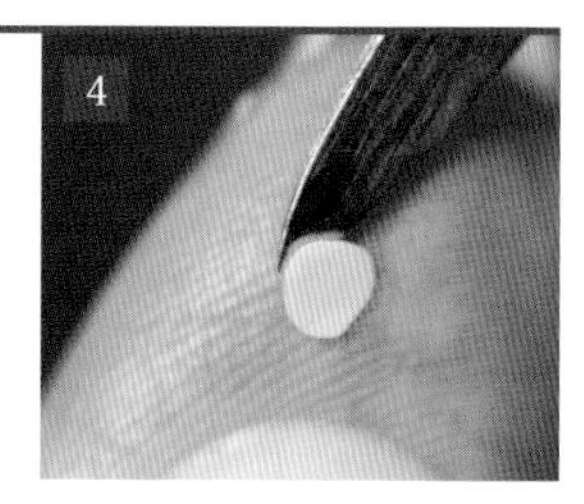

用黏土专用棒的抹刀部分轻轻刮起[3]的小花瓣。

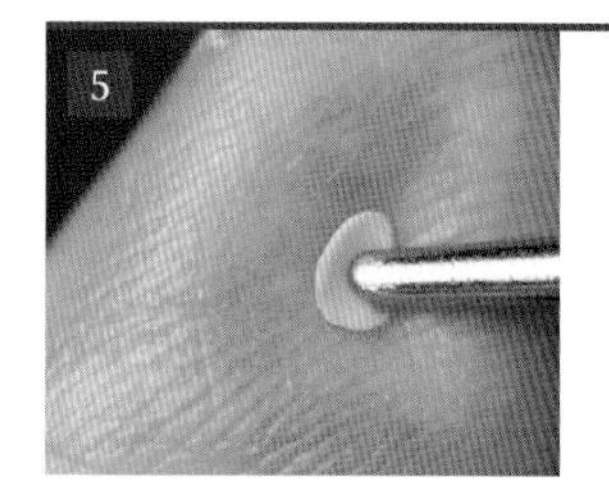

继续用黏土专用棒的尖头一圈一圈地按压小花瓣的中央，使外观呈凹陷的碗形即可。内侧的花瓣完成，须做10片。

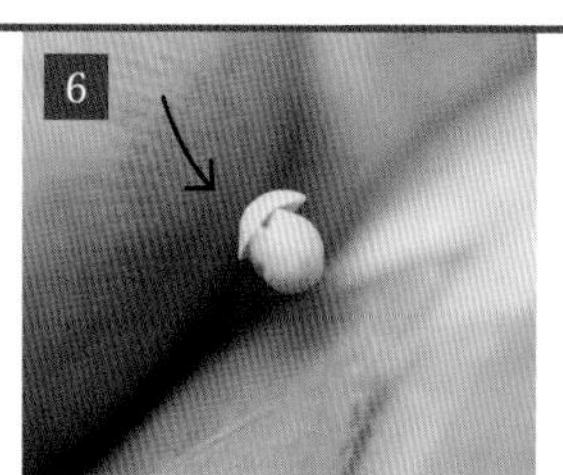

用黏着剂将[5]的小花瓣一片一片地粘在[4]的花蕊上。粘好第一片后，挪动第二片的位置与其稍作重合。

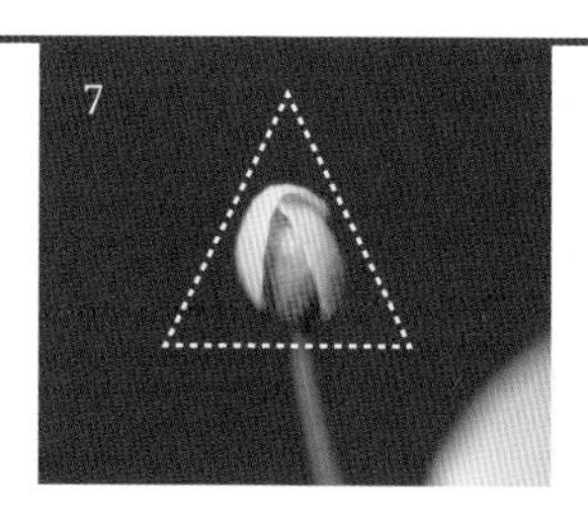

图片是粘了3片小花瓣的样子。调整花瓣，隐约能看见一些花蕊即可，从上往下看时，整体呈三角形。

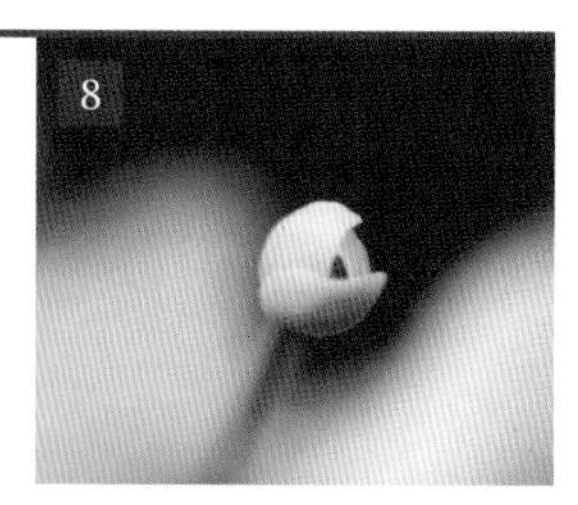

图片是粘了4片小花瓣的样子。从上往下看时，整体呈三角形。一边挪动位置一边粘上[5]的其他小花瓣。

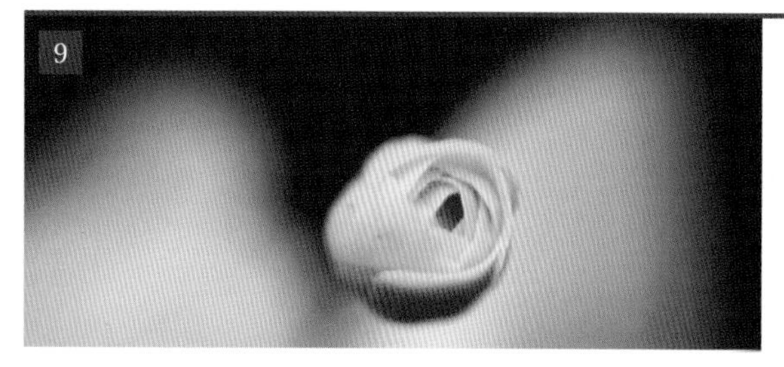

粘了10片小花瓣的样子。

[5]的小花瓣，应按照0.7～1.5毫米的顺序，逐渐扩大，须做10片。一片片交错粘合在底部。

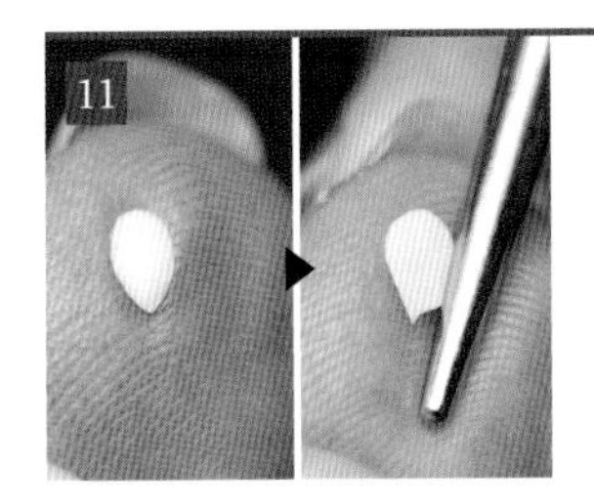

往树脂黏土中混入浅粉色颜料，从自封袋中挤出约2毫米大小的黏土，揉圆，再按压至水滴状，用黏土专用棒擀薄。这部分将作为外侧花瓣。

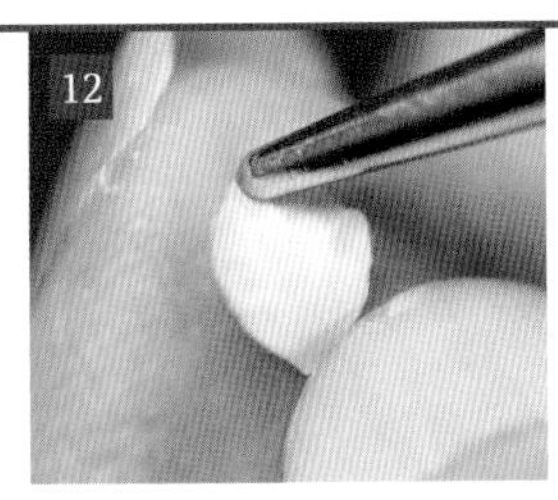

用黏土专用棒按压11的花瓣，压出花朵边缘的褶皱。

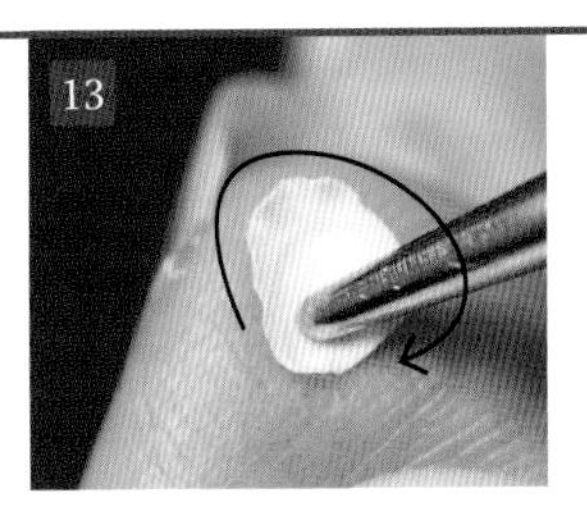

用黏土专用棒一圈一圈地按压小花瓣的中央，直至外观呈凹陷的碗形。

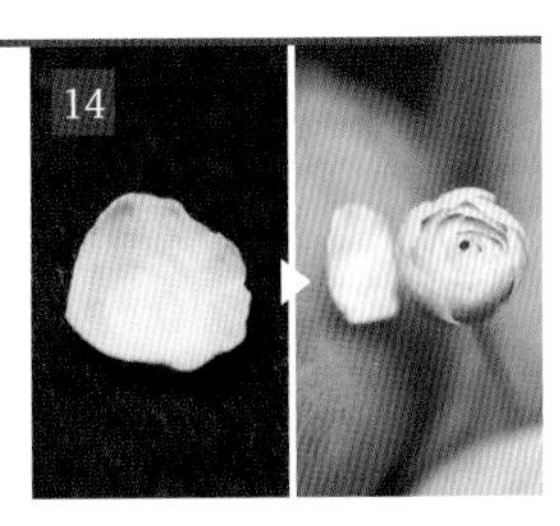

碗形的花瓣。制作5～6个同样的部件。在其下端涂抹黏着剂，一片片交替与10粘合。

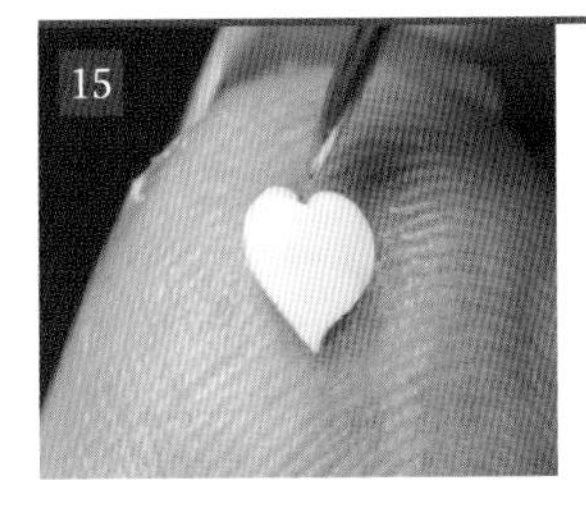

往树脂黏土中混入浅粉色颜料，从自封袋中挤出约2毫米大小的黏土，揉圆，再按压至水滴状。用黏土专用棒在其顶端挤压，最终形成心形。

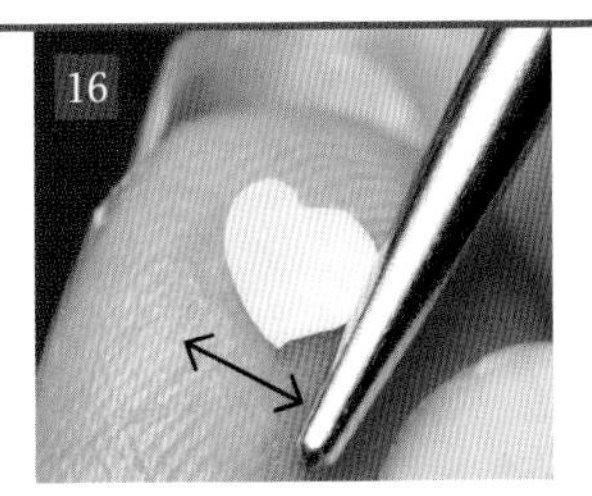

用黏土专用棒按压15的心形，压薄。这将作为最外侧的花瓣。

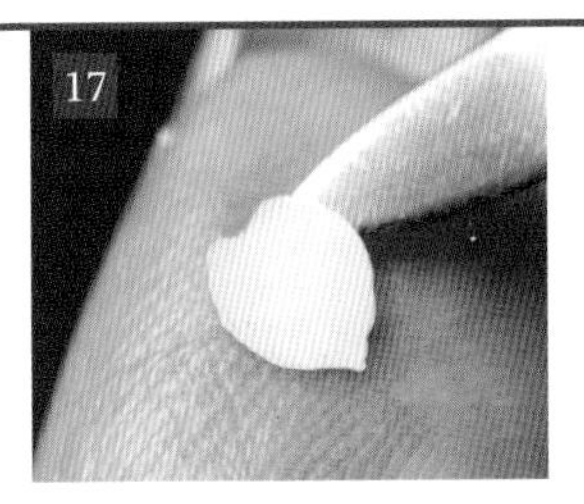

用黏土专用棒的抹刀部分刮起粘在手指上的花瓣。同样的花瓣，需再制作5片。

于17的花瓣底部涂抹黏着剂，围绕14的部分粘合一圈。这样花朵就完成了。将其插在纳米海绵上。

制作花萼

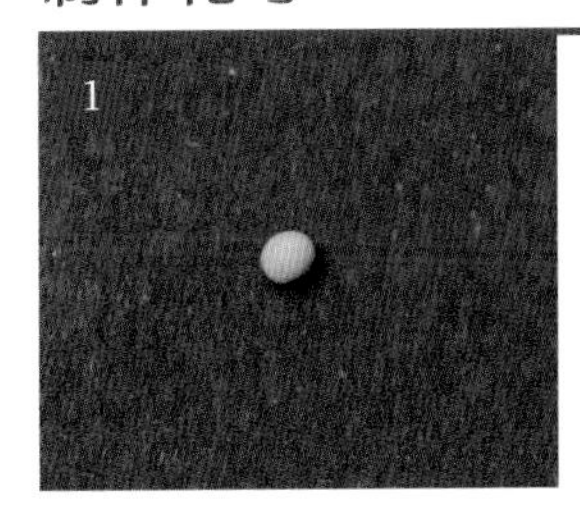

将黄绿色黏土揉出一个约5毫米的小圆粒。

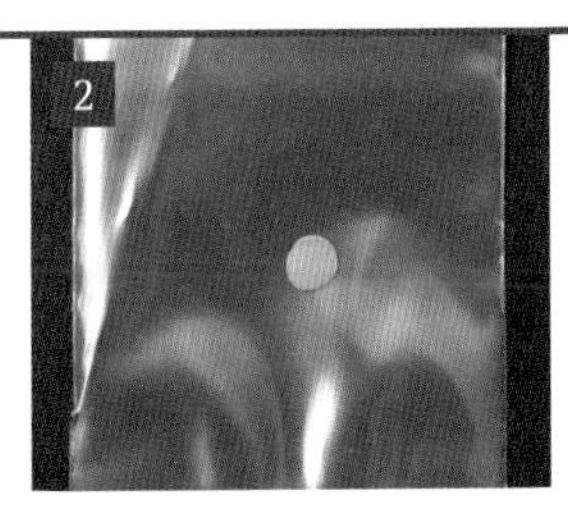

将1置于自封袋上，用指腹压扁。

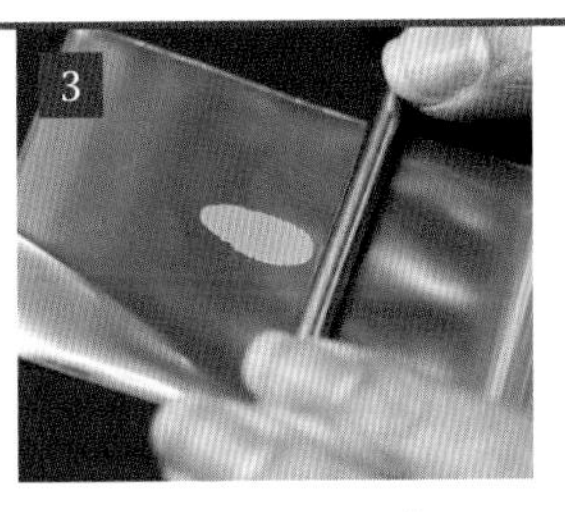

用黏土专用棒碾压至薄片。

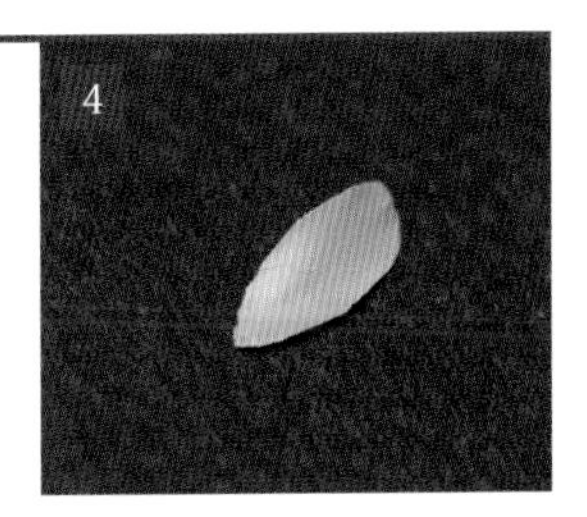

等待数分钟，待其干燥后，完整刮起整片。

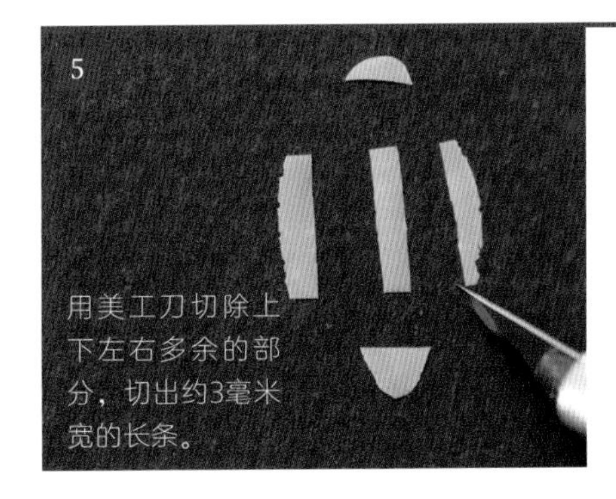

用美工刀切除上下左右多余的部分，切出约3毫米宽的长条。

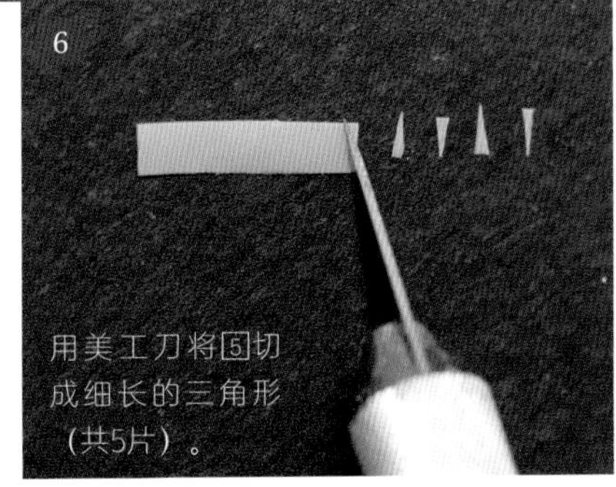

用美工刀将5切成细长的三角形（共5片）。

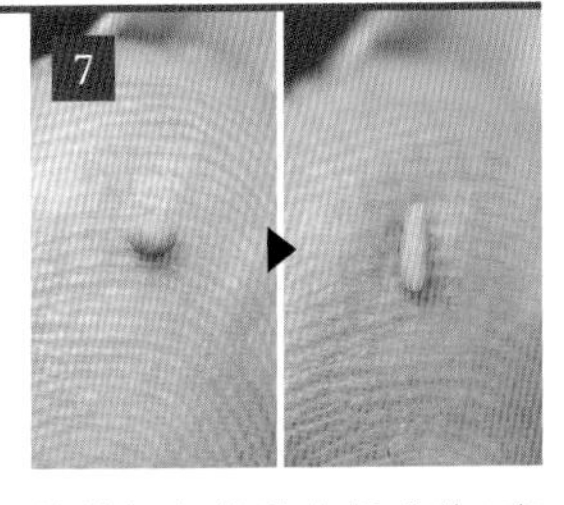

将黄绿色的黏土揉成约1毫米的小圆粒。用指腹搓成变薄的细长条。

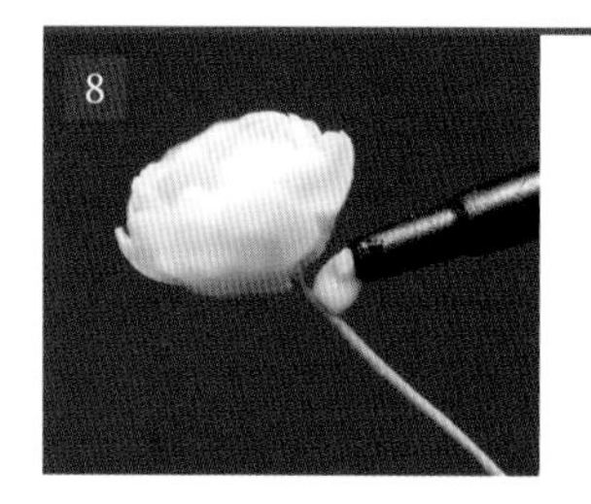

在花和花茎的交界处，涂上一圈黏着剂。

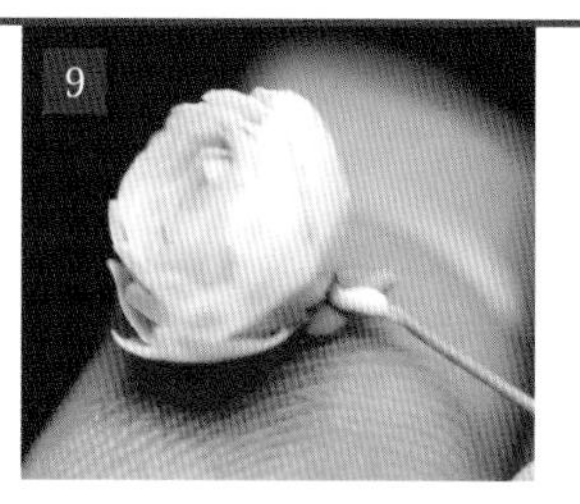

将[7]的长条粘合在[1]的交界处。

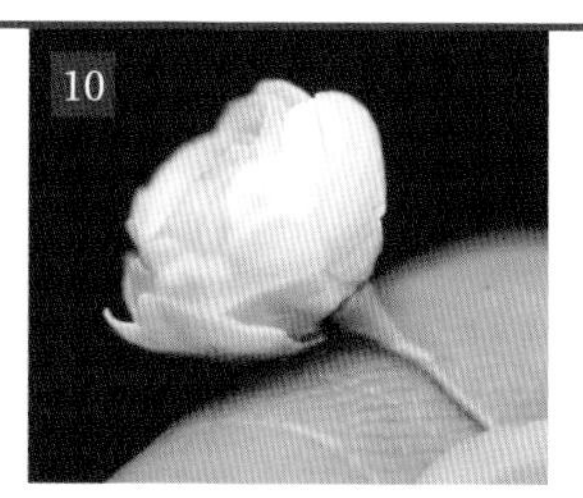

用指缘轻轻按压[9]的下方，塑形成漏斗状，使花和花茎自然衔接。

用镊子夹住[6]制作的细长花萼，较粗的一头粘在[10]的绿色部件与花的交界，须粘合5片花萼。

制作叶片

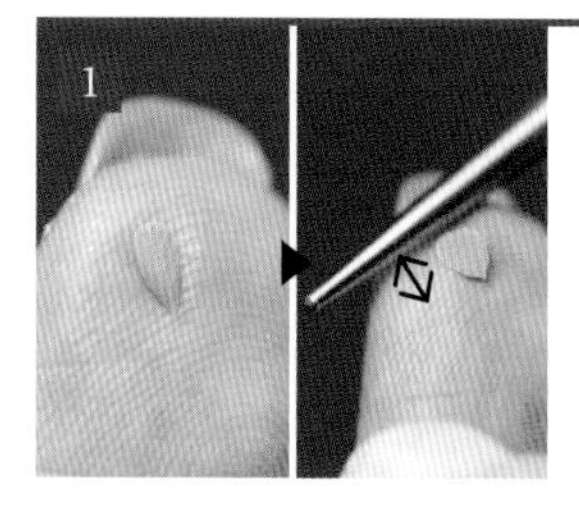

将深绿色的树脂黏土挤出2毫米的小圆粒。压成水滴状之后，用指腹继续轻压。用黏土专用棒继续压薄。

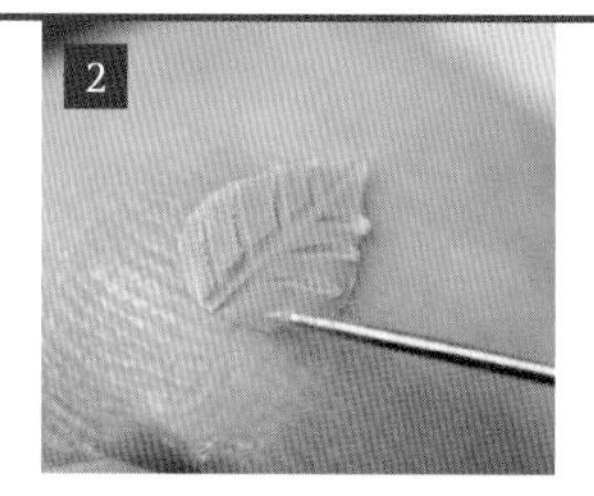

用珠针划出纹路，形成叶脉。

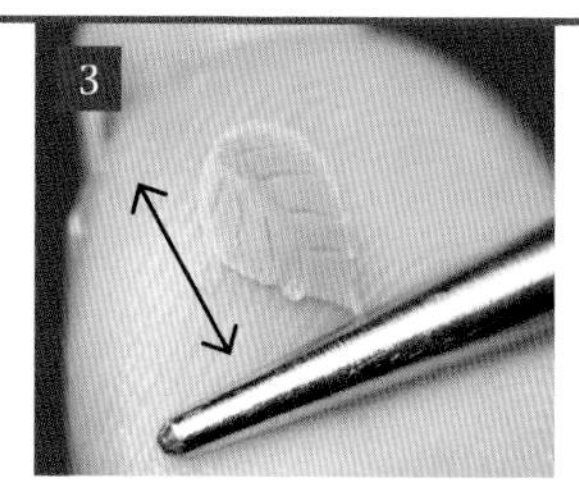

将[2]的叶片从指腹上刮起并翻至背面，背面也须用黏土专用棒压薄。

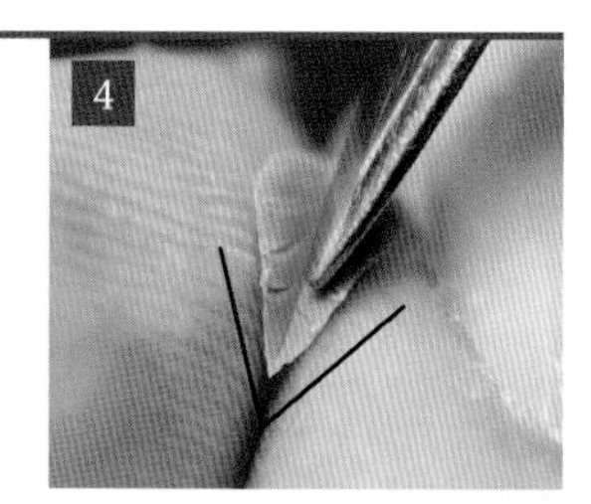

将[3]的叶片翻回正面，用黏土专用棒的抹刀部分轻压叶片的中线，形成折痕。

重复[1]~[4]，共制作3枚叶片。

在3枚叶片的底端均涂上黏着剂，如图，粘至叶柄上。

用镊子夹住叶片往下3毫米处，如图，弯曲折下。

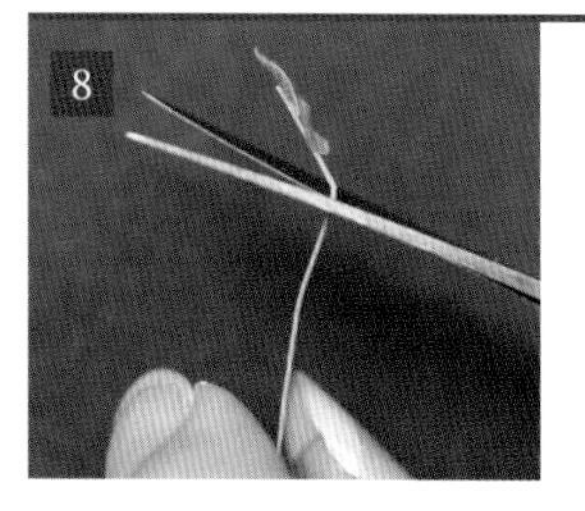

在弯曲部分下方约3毫米处，用剪刀剪断。

将叶片用黏着剂粘在花茎上。玫瑰花就做完了。

蓝雏菊的制作方法

准备材料

树脂黏土、水彩颜料（白色、褐色、黄绿色、黄色、蓝色、深绿色）、0.18毫米铜线、珠针、黏着剂、黏土专用棒、笔、镊子、黏土专用剪刀、自封袋。

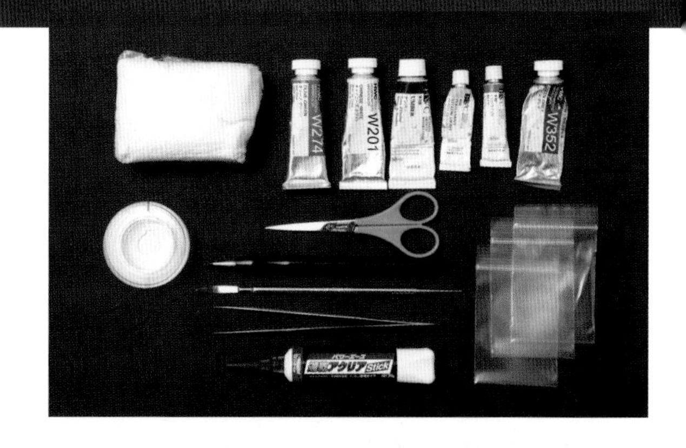

准备黏土

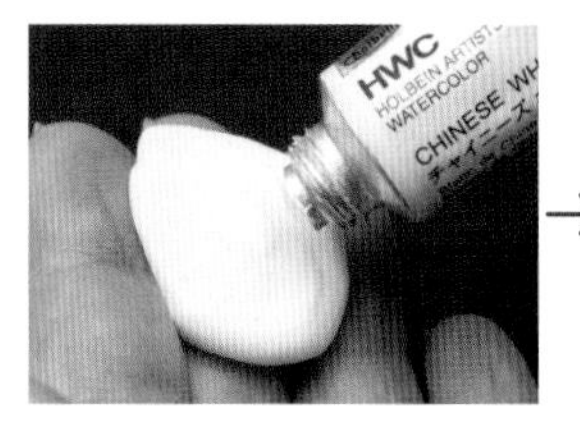

树脂黏土变干后会呈透明色，因此一定要混入少量白色颜料，再根据用途加入其他颜料调色。

→

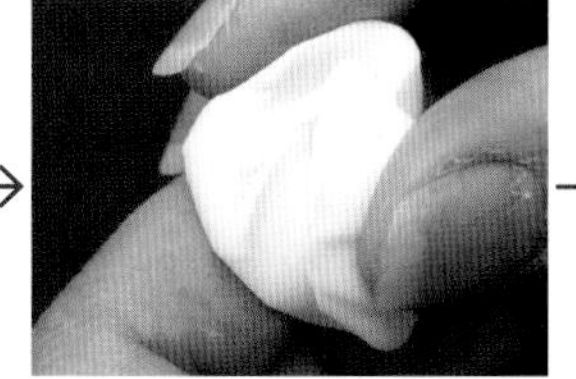

一点一点加入水彩颜料，在黏土变干前快速地揉搓、上色。

→

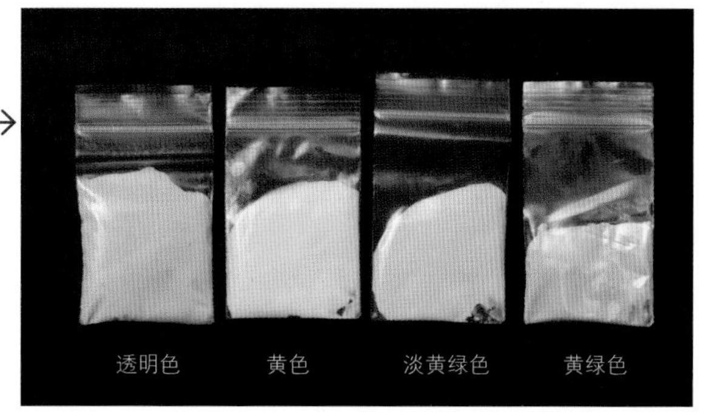

将黏土按颜色进行分类，装入不同的自封袋里。

制作花茎

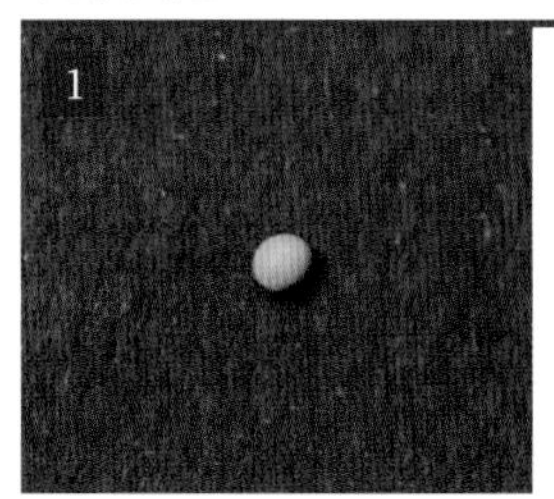

排空自封袋的空气，剪出一个约1毫米的口子。按压自封袋，挤出黄绿色黏土，搓出一个直径约3毫米的圆粒。

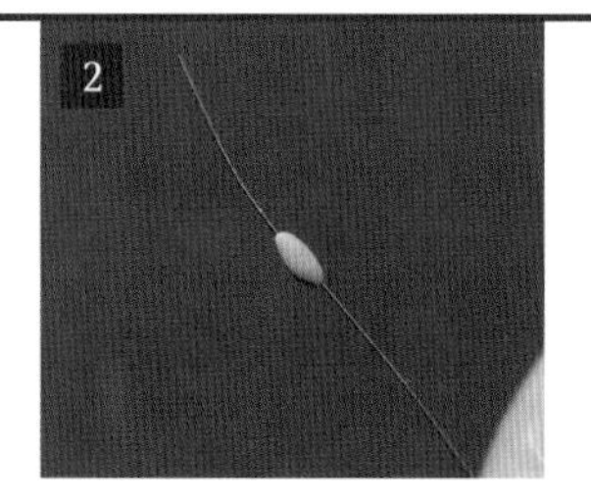

剪下长约5厘米的铜线，将1的黏土均匀地包裹在铜线的上侧，呈米粒状。

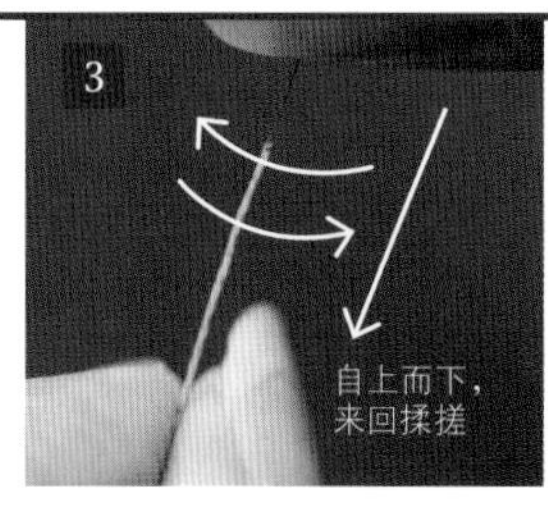

黏土变干前将其迅速地自上而下薄薄地推开，用指腹来回按压使其最终缠在铜线上。

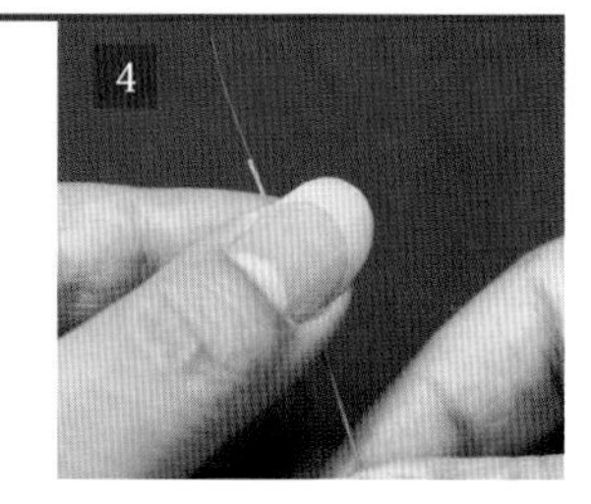

调整铜线上黏土的厚度，使其均匀。剪去铜线上下未附着黏土的部分，得到约4厘米长的黄绿色细长条。这将作为花茎。

制作花蕊

往树脂黏土中混入黄色颜料，从自封袋中挤出约5毫米大小的黏土，用指腹搓圆。

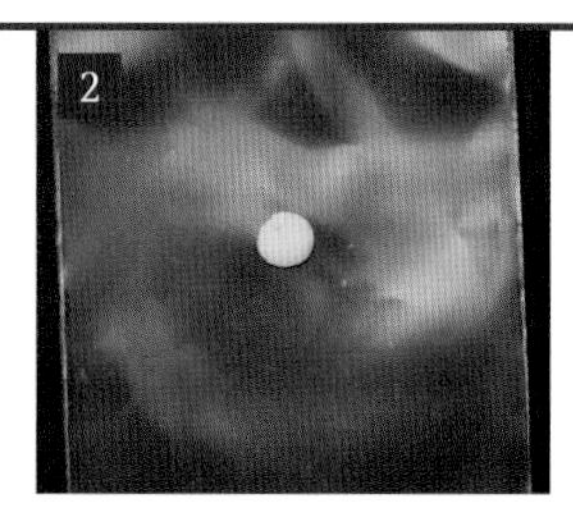

如图置于自封袋上。

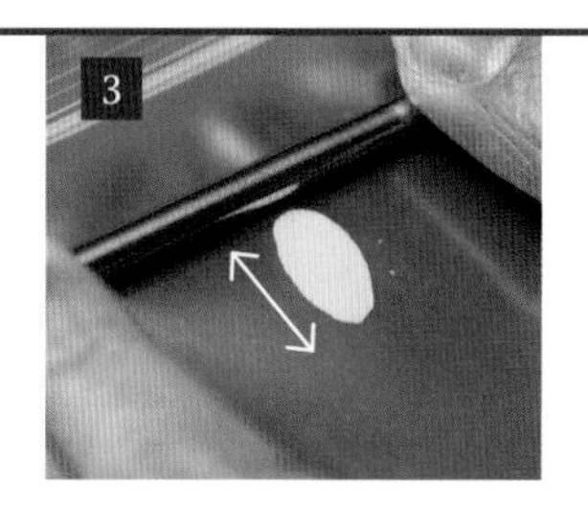

用黏土专用棒压薄。

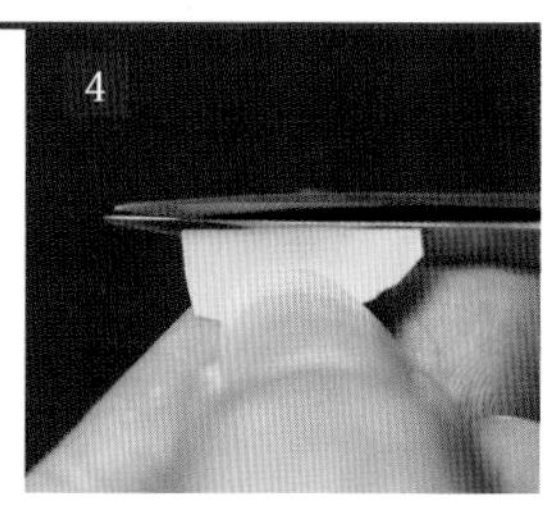

待干燥后刮起，将一侧的边缘剪齐。

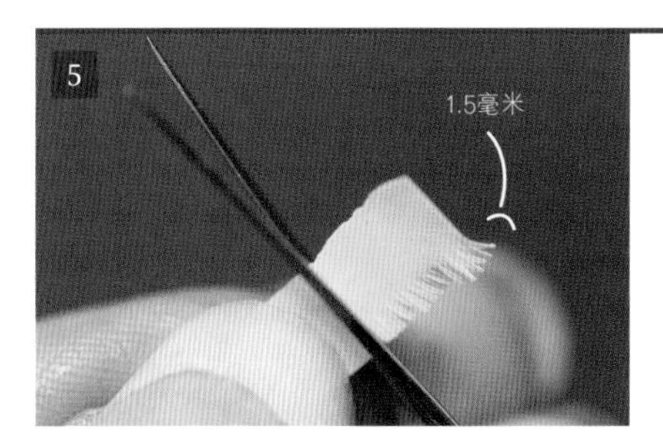

用剪刀也将另一侧的边缘剪齐，并且往内剪1.5毫米，呈流苏状。

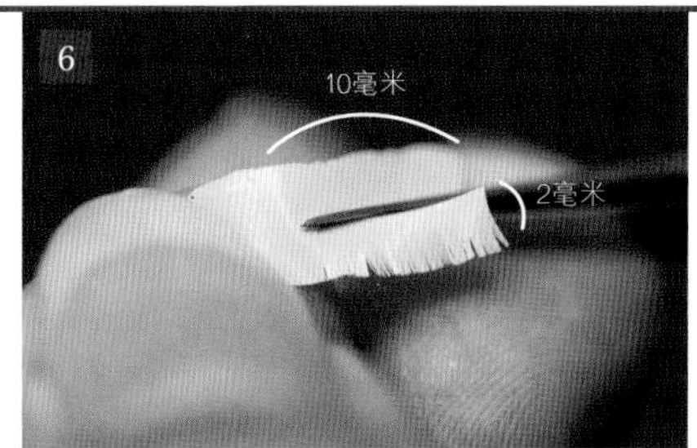

剪出10毫米×2毫米的带状。

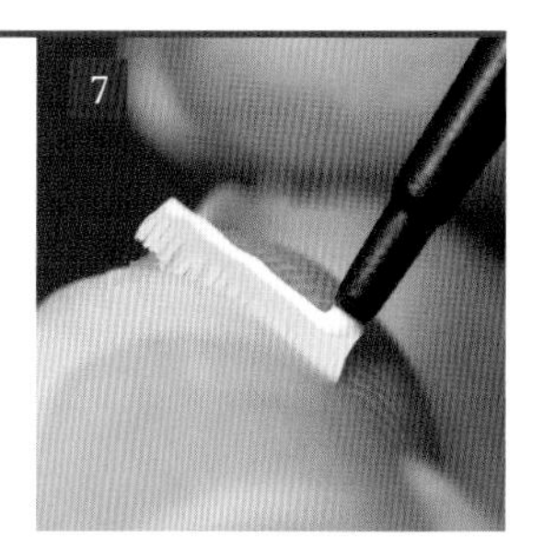

将黏着剂涂抹在没有切口的一侧。

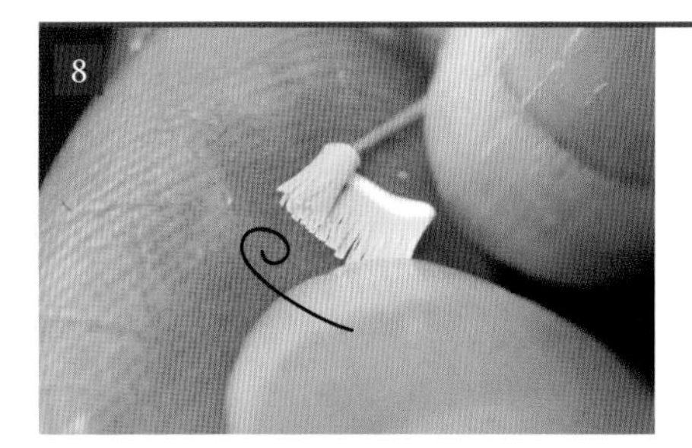

将做好的7卷在花茎的顶端。

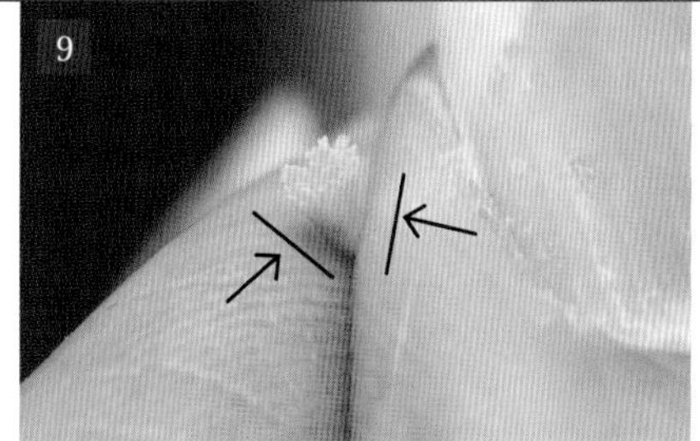

用手指用力挤压连接处，固定花茎。

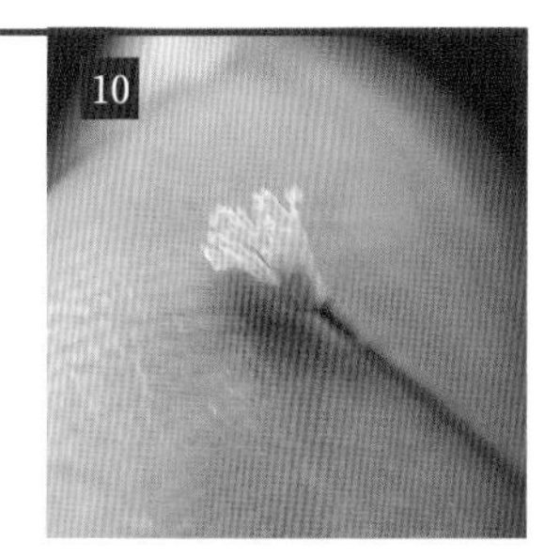

调整花茎和花的连接处，使整体更自然。这部分将作为花蕊。

组合花瓣

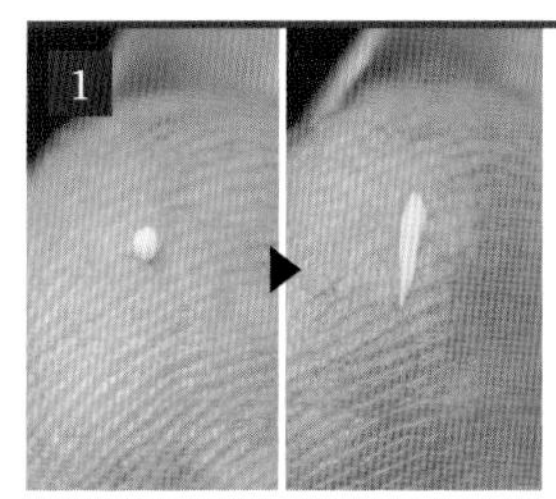

准备水蓝色树脂黏土，挤出直径约0.5毫米的小圆粒。用指腹搓成细长的水滴状。

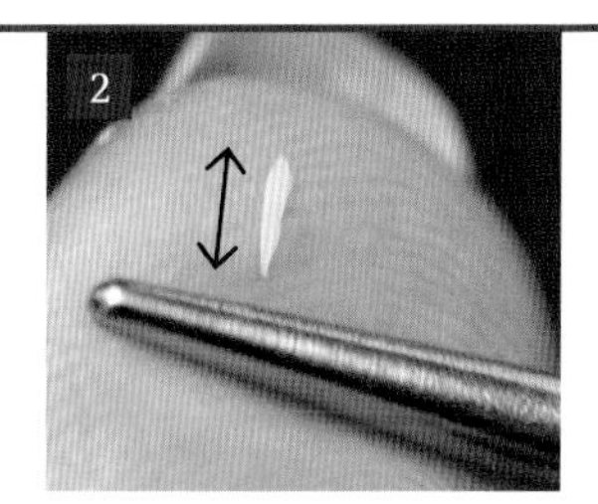

用黏土专用棒压薄，形成花瓣。重复1～2，制作10～12片花瓣。

在2的花瓣内侧的底端涂上黏着剂，粘合花蕊。

粘合其他的花瓣。

花瓣往下的黄色部分，用笔涂成绿色。这样，花就做好了。

制作叶片

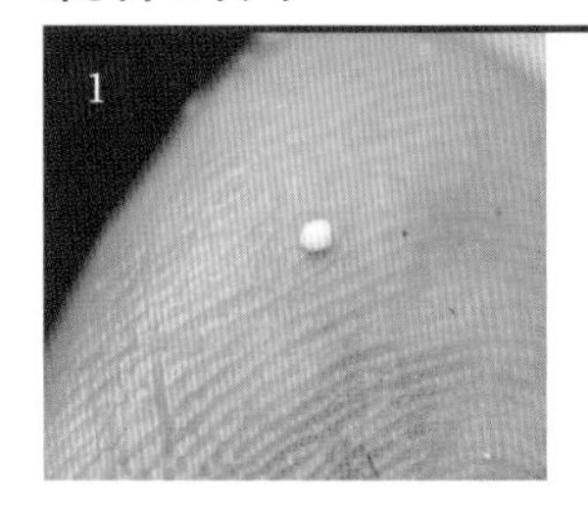

准备浅黄绿色的树脂黏土，挤出一部分，搓成直径1毫米的小圆粒。

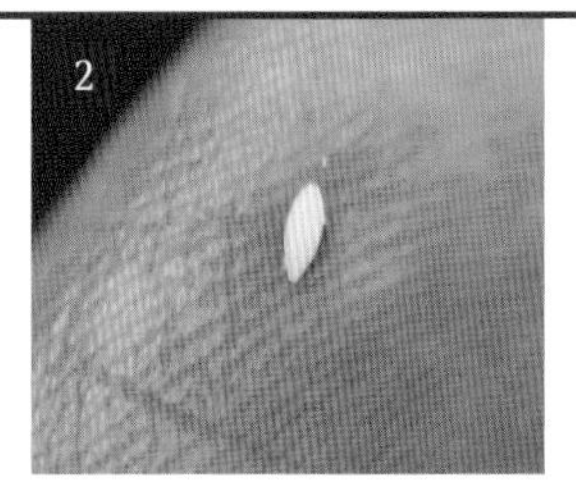

将小圆粒压成米粒状。

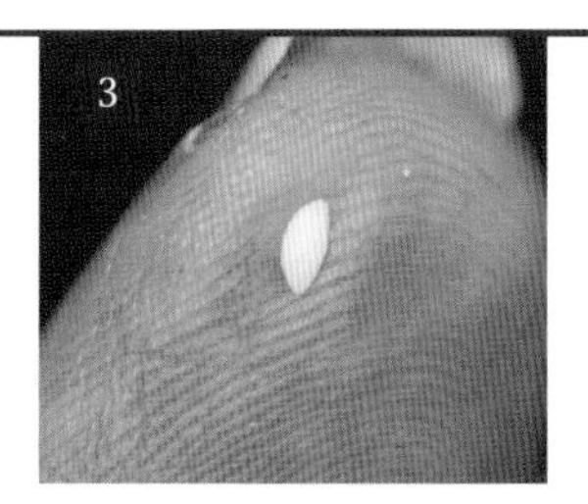

用指腹压薄。

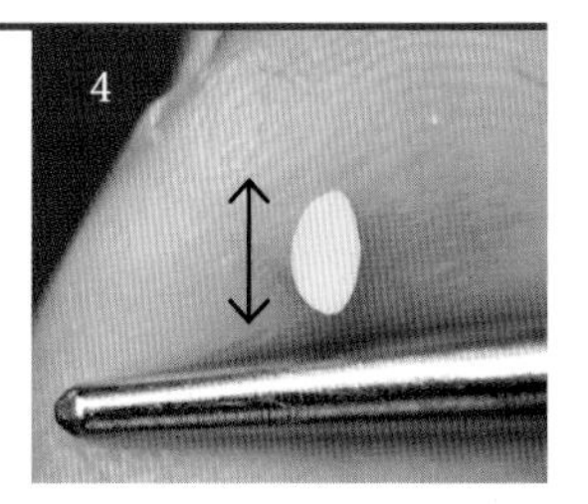

用黏土专用棒再稍碾压，使其变长。

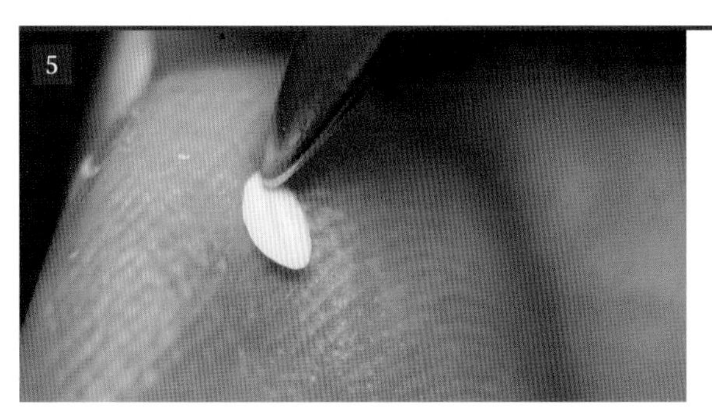

用黏土专用棒的抹刀部分在4上划出中线、纹路。

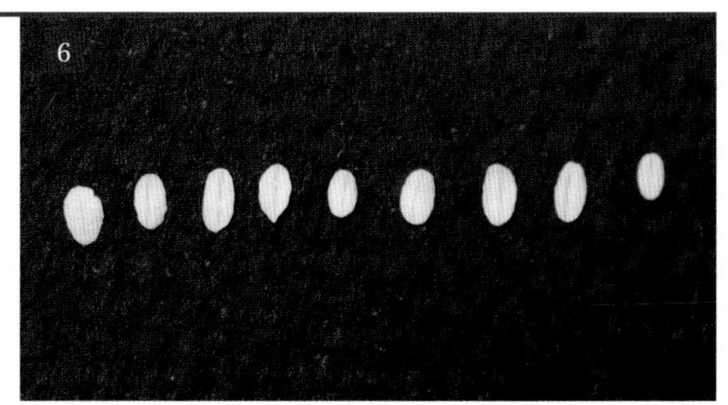

制作8～10片同样的小叶片。

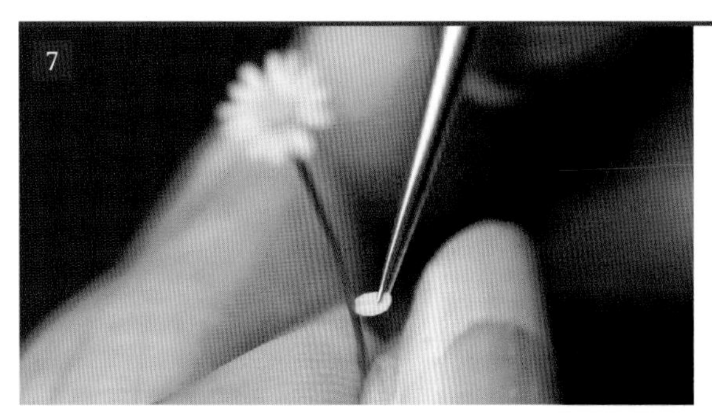

将小叶片前端涂上黏着剂，粘在花茎上。两片相对粘合，纵横交错粘在花茎上。

图片是所有的小叶片粘合之后的样子。

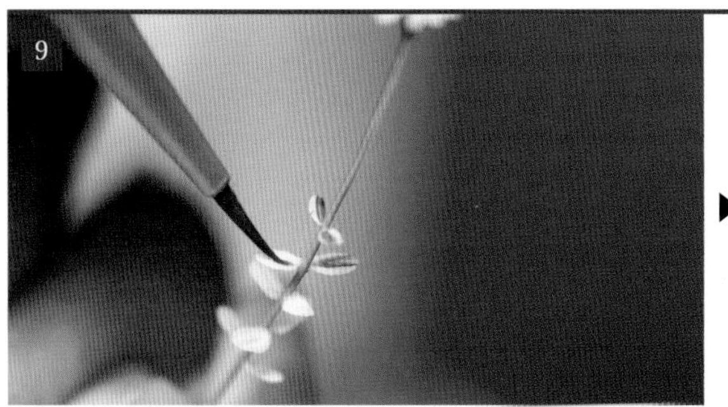

用笔蘸取深绿色颜料，在所有小叶片上勾画一笔绿线即可。蓝雏菊就做好了。

番红花的制作方法

准备材料

树脂黏土、水彩颜料（白色、褐色、黄绿色、紫色）、0.16毫米铜线、黏着剂、黏土专用棒、笔、彩笔、镊子、黏土专用剪刀、自封袋、纳米海绵。

准备黏土

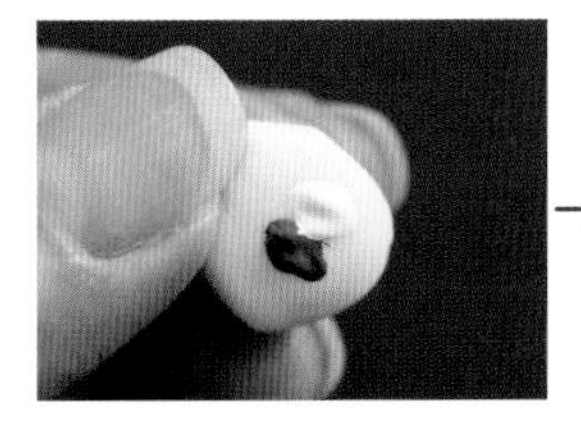

树脂黏土变干后会呈透明色，因此一定要混入少量白色颜料，再根据用途加入其他颜料调色。

→

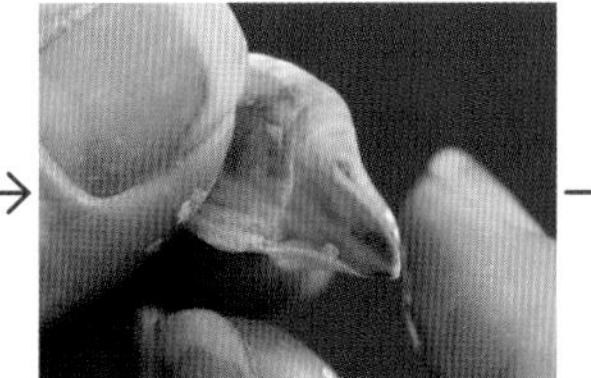

一点一点加入水彩颜料，在黏土变干前快速地揉搓、上色。

→

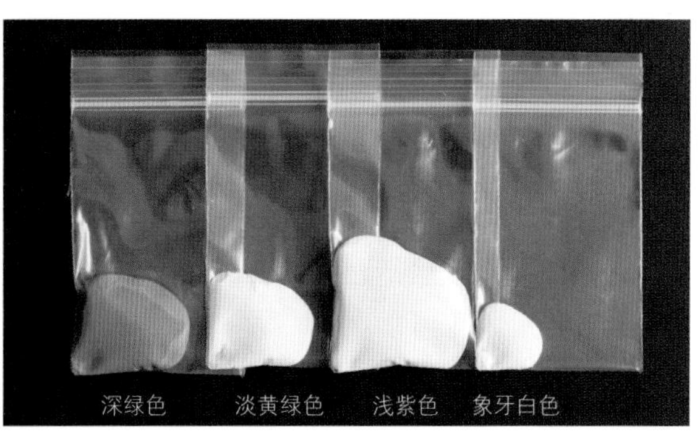

将黏土按颜色进行分类，装入不同的自封袋里。

制作花茎

1

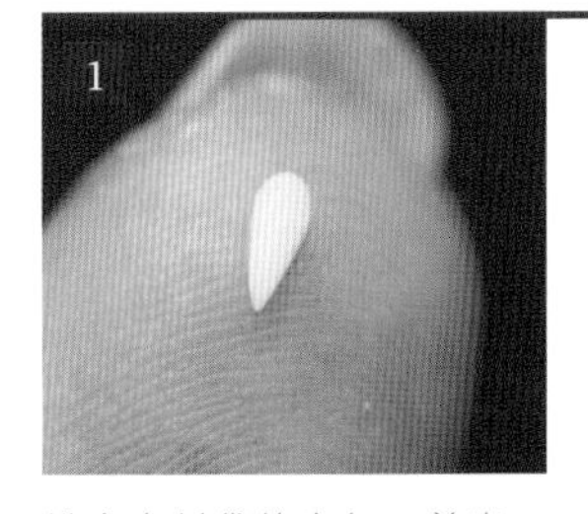

排空自封袋的空气，剪出一个约1毫米的口子。按压自封袋，挤出象牙白色的黏土，搓出一个直径约3毫米的圆粒，搓成米粒状。

2

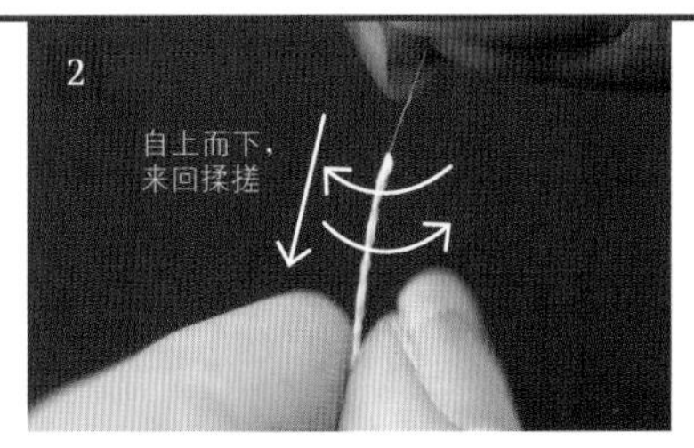

剪下长约5厘米的铜线，将1的黏土均匀地包裹在铜线的上侧，需厚度均匀。黏土变干前将其迅速地自上而下薄薄地推开，用指腹来回按压使其最终缠在铜线上。调整铜线上黏土的厚度，使其均匀。

剪去铜线上下未附着黏土的部分，得到约4厘米长的象牙白色细长条。这将作为花茎。然后插在纳米海绵上。

制作花蕊

1

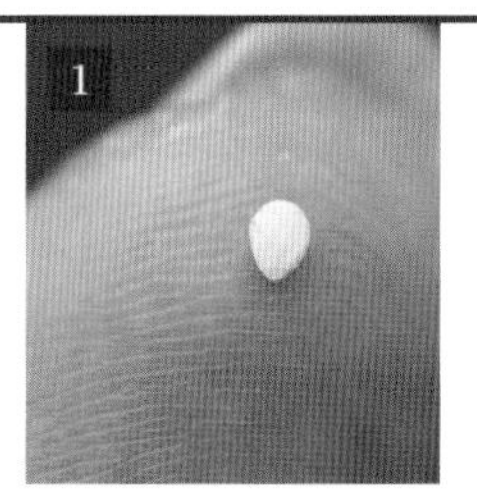

准备浅黄绿色的树脂黏土，挤出米粒大小，再用指腹搓圆。

2

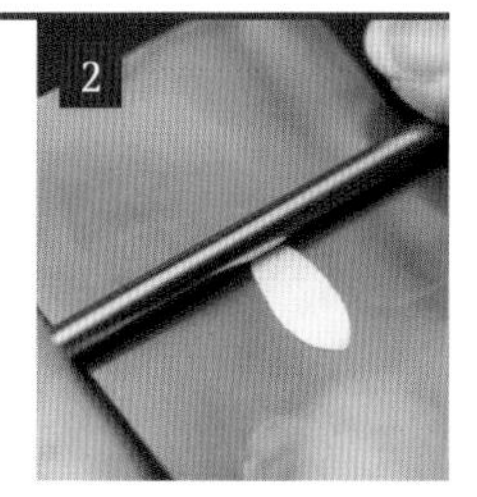

将1的小米粒放在自封袋上，用黏土专用棒将其压薄。

3

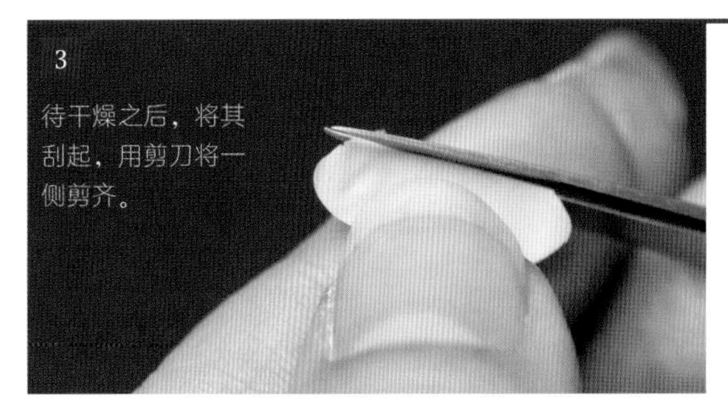

待干燥之后，将其刮起，用剪刀将一侧剪齐。

4

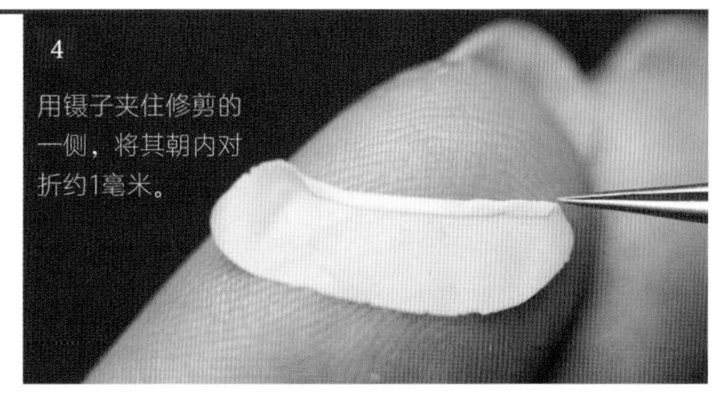

用镊子夹住修剪的一侧，将其朝内对折约1毫米。

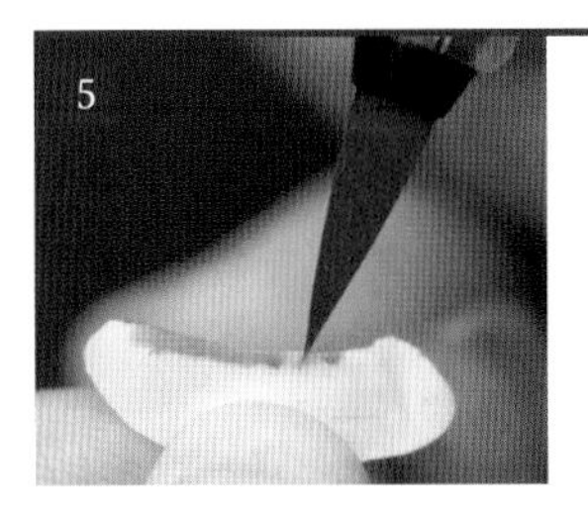

用彩笔给对折的部分涂色。

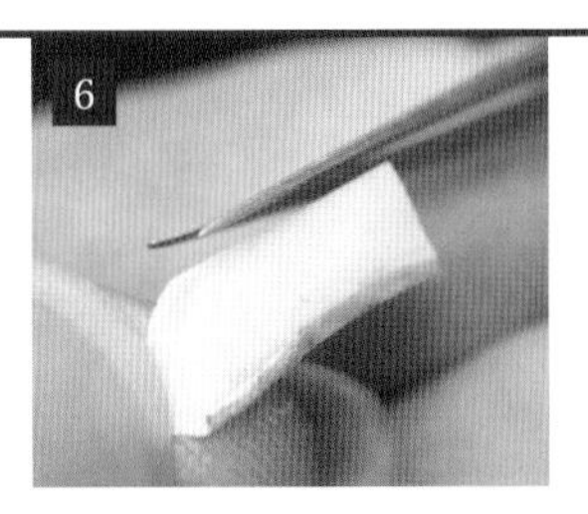

内侧和对折后较厚的部分也需涂色。

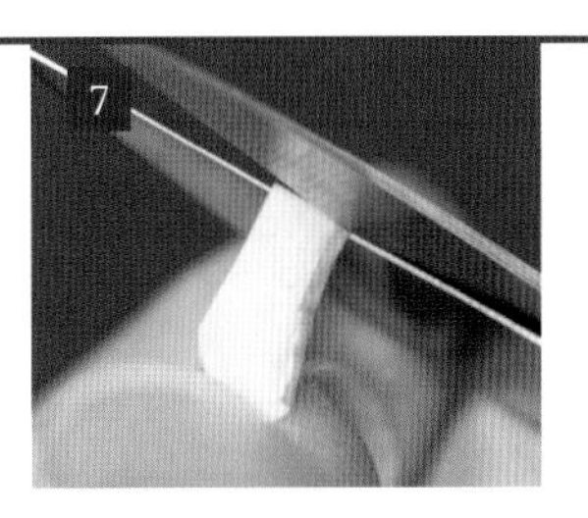

在[6]的长条上依次剪出10～15枝小细条。

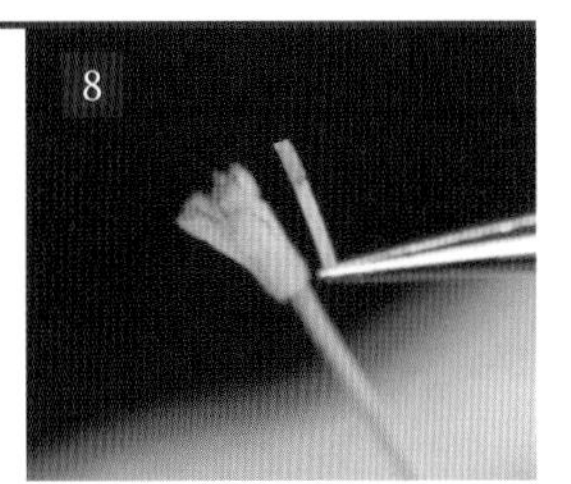

花茎前端涂抹黏着剂，将[7]的小细条着色的一端朝上，用镊子夹起粘在花茎前端。花蕊就做完了。然后插在纳米海绵上。

组合花瓣

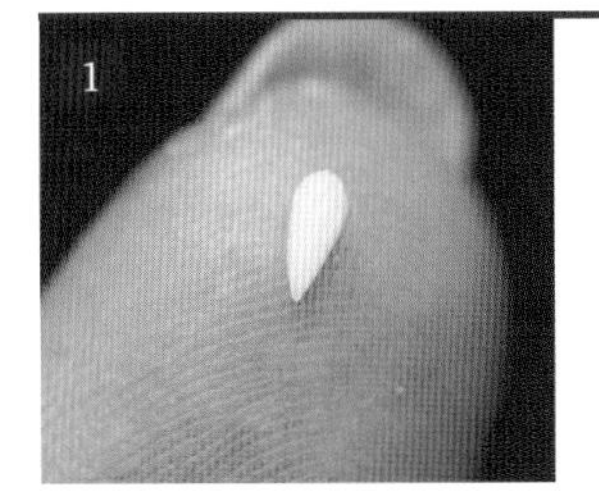

准备淡紫色的树脂黏土，挤出直径约1毫米的小圆粒，再搓成小水滴状。

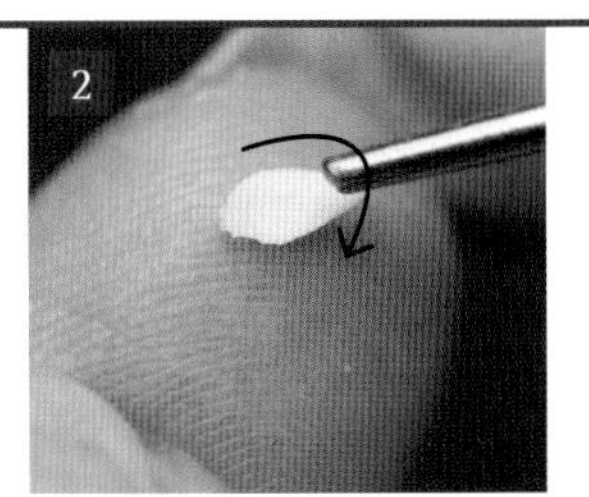

用黏土专用棒的尖头一圈一圈地按压水滴状物的中央，外观呈碗形即可。这将作为花瓣。

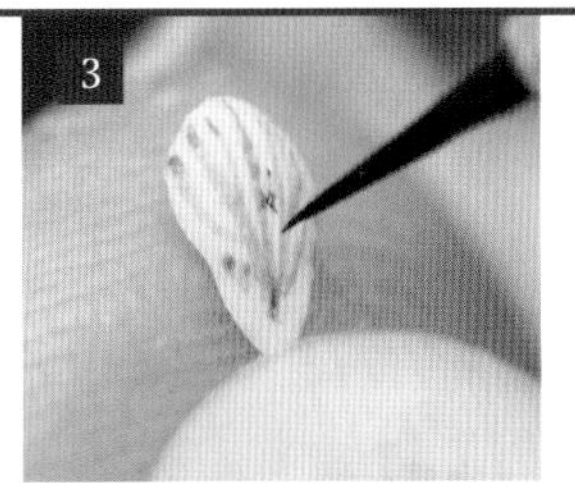

笔尖蘸上紫色颜料，只在花瓣的外表面画上许多细细的纹路。重复[1]～[3]，制作6片花瓣。

[3]的内侧下端涂抹黏着剂，连接花蕊。将6片花瓣全部粘上，花朵就做好了。

制作叶片

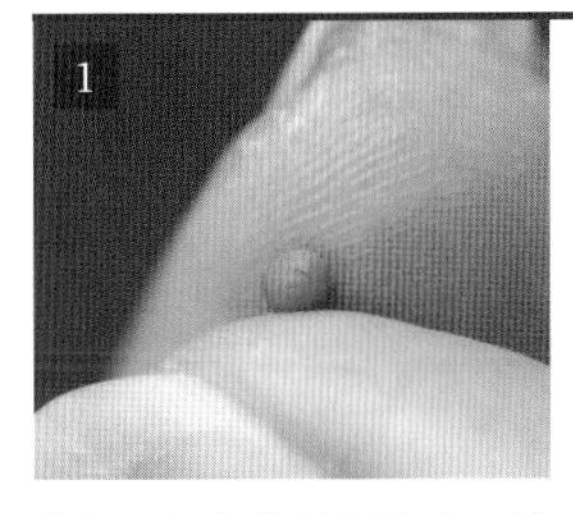

准备深绿色的树脂黏土，挤出直径约2毫米的小圆粒。

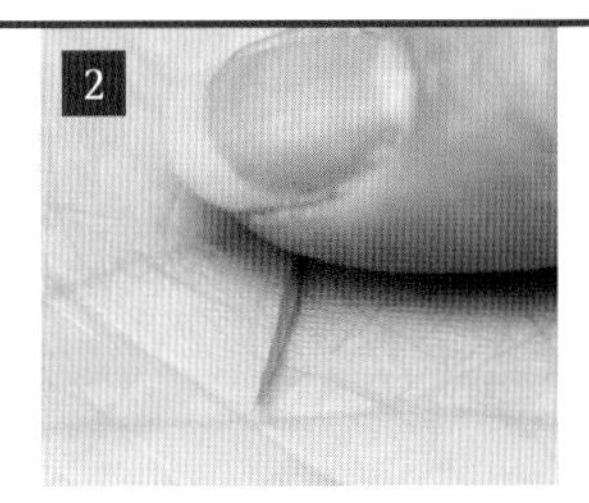

将小圆粒搓成细条，约1毫米即可。

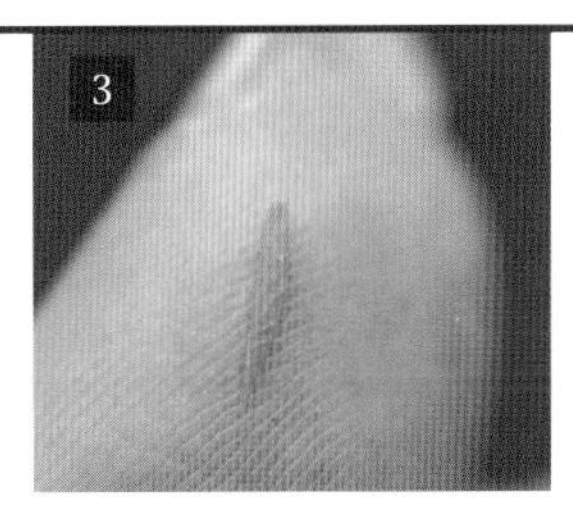

用指腹按压，注意不要压得过薄。

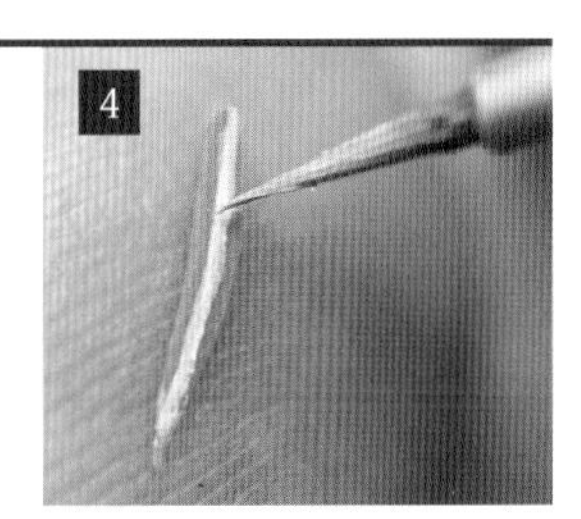

用笔蘸上白色颜料，涂上一条白色中线。重复[1]～[4]，制作4枚叶片。

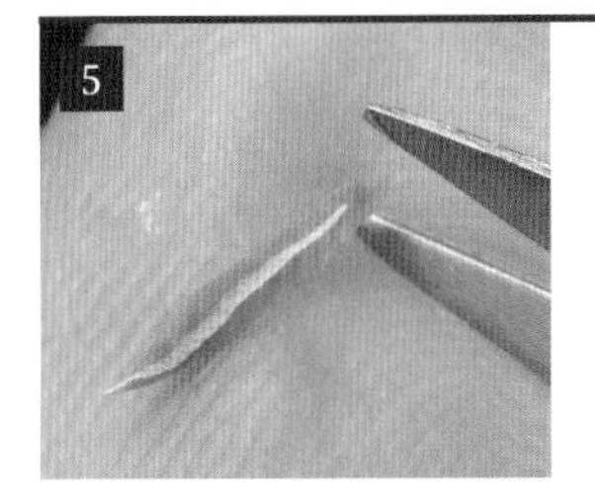

调整叶片的长度，用剪刀修至约8毫米。

将花与叶进行组合。在[5]的剪口处涂抹黏着剂，粘接在花茎下侧。番红花就完成了。

三色堇·角堇的制作方法

准备材料

树脂黏土、水彩颜料（白色、绿色、深绿色、黄绿色、褐色、蓝色、青紫色）、0.16毫米铜线、珠针、黏着剂、黏土专用棒、笔、彩笔、镊子、黏土专用剪刀、自封袋、纳米海绵。

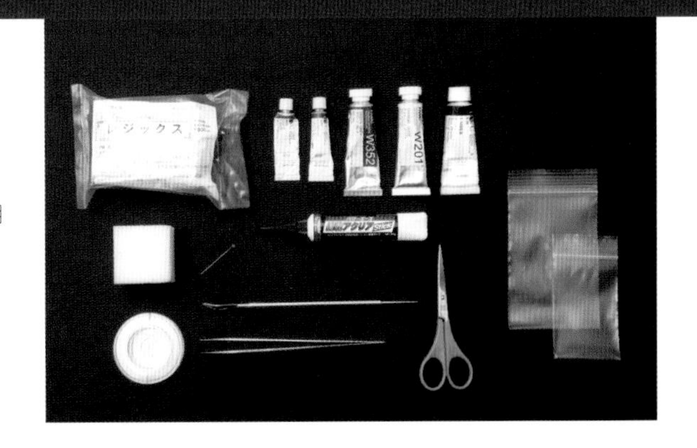

准备黏土

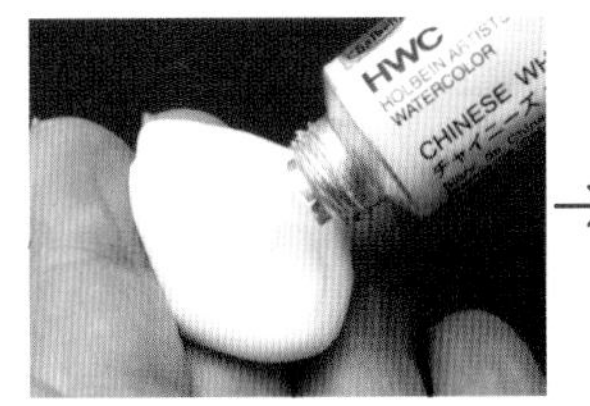

树脂黏土变干后会呈透明色，因此一定要混入少量白色颜料，再根据用途加入其他颜料调色。

→

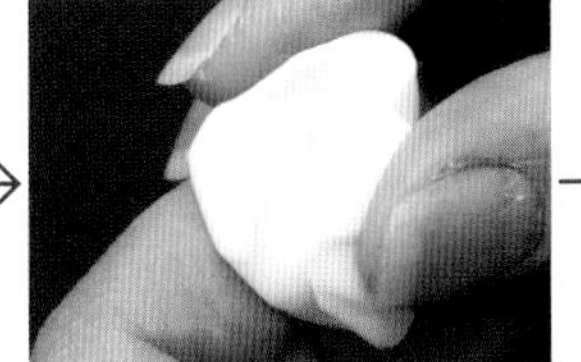

一点一点加入水彩颜料，在黏土变干前快速地揉搓、上色。

→

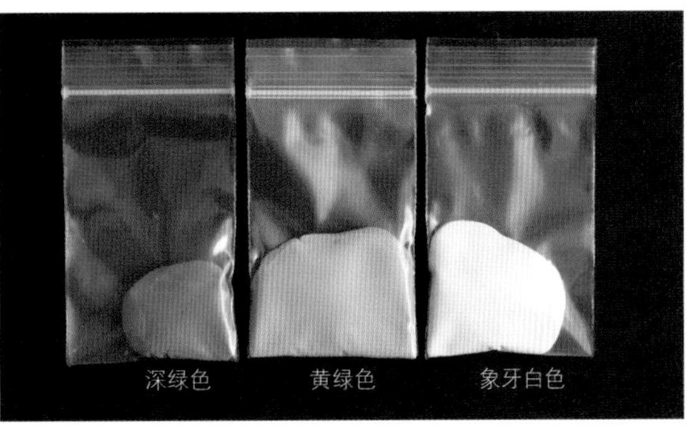

将黏土按颜色进行分类，装入不同的自封袋里。

制作花茎

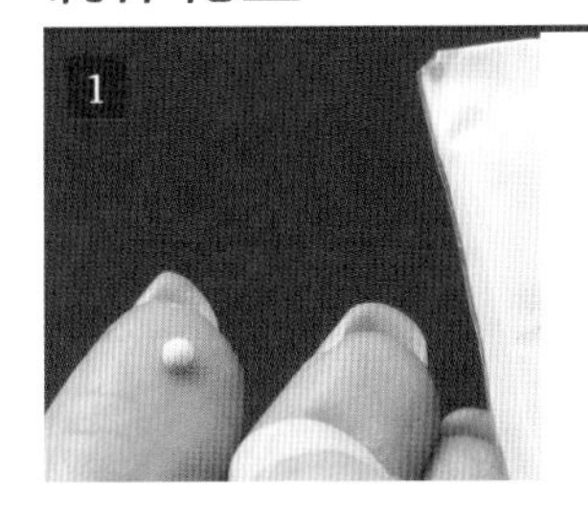

排空自封袋的空气，剪出一个约1毫米的口子。按压自封袋，挤出像黄绿色的黏土，搓出一个直径约3毫米的圆粒。

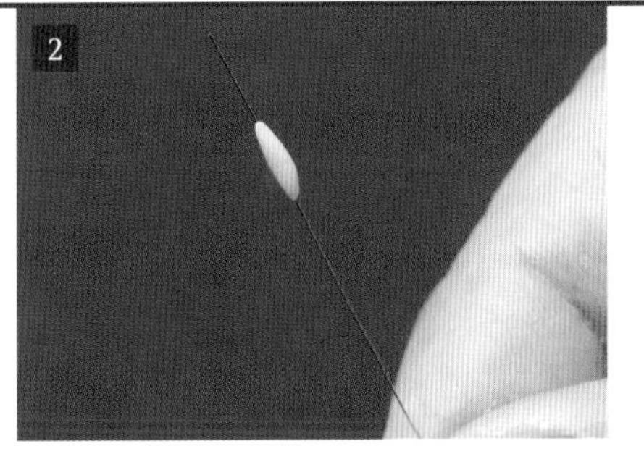

剪下长约5厘米的铜线，将1的黏土均匀地包裹在铜线的上侧，需厚度均匀，搓成米粒状即可。

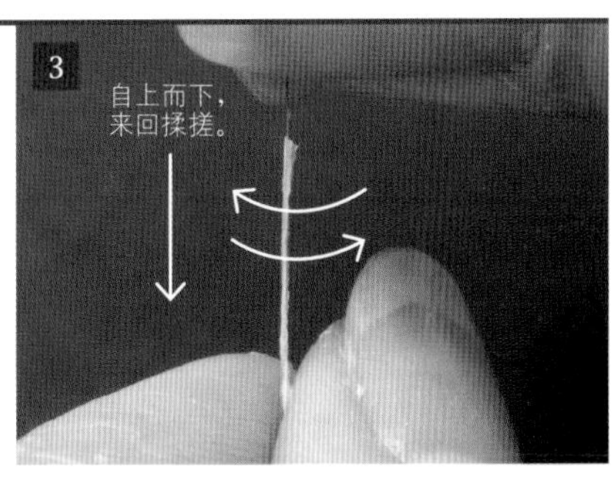

黏土变干前将其迅速地自上而下薄薄地推开，用指腹来回按压使其最终缠在铜线上。

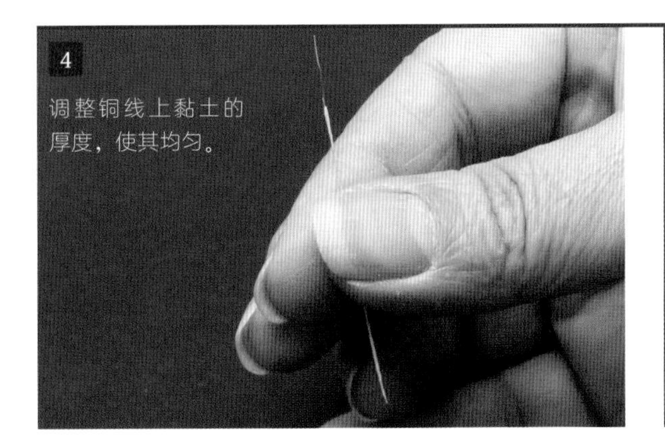

4 调整铜线上黏土的厚度，使其均匀。

5 剪去铜线上下未附着黏土的部分，得到约3厘米长的黄绿色细长条。这将作为花茎。然后插在纳米海绵上。

制作花朵

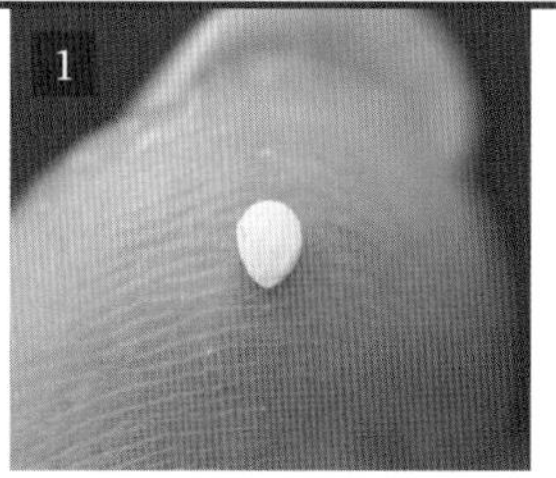

混入白色和褐色颜料的树脂黏土，最终揉搓成象牙白色。从自封袋中挤出直径约1毫米的小圆粒，再搓成水滴状。

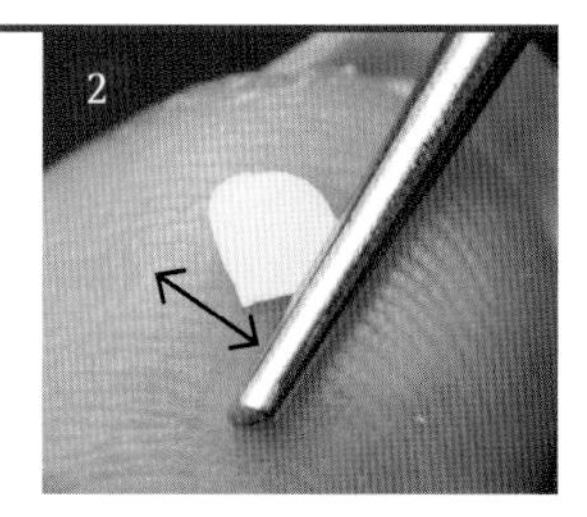

用黏土专用棒压薄。

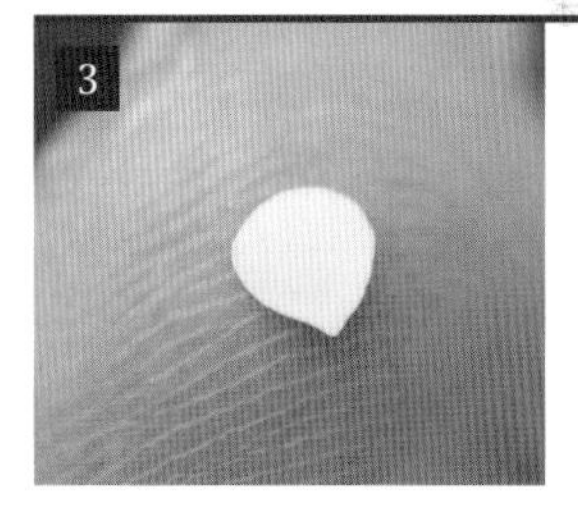

这个阶段的黏土，无需过薄。

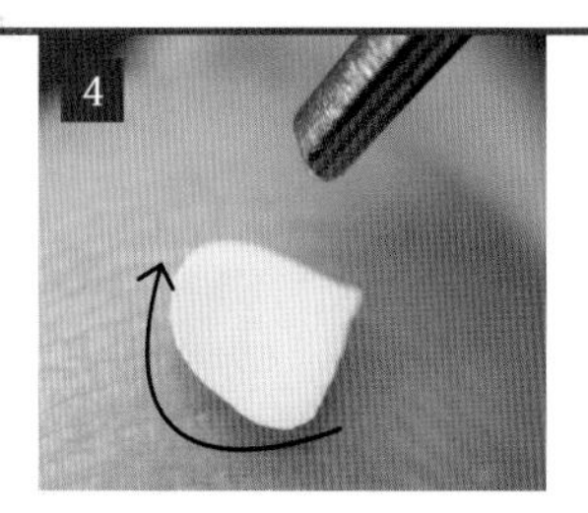

用黏土专用棒的尖头一圈一圈地按压水滴状黏土的中央，直至背面呈现花瓣形状即可。重复[1]~[4]，制作5片花瓣。

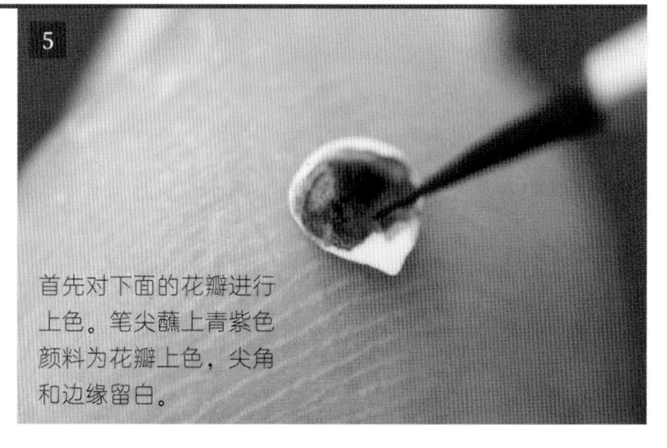

首先对下面的花瓣进行上色。笔尖蘸上青紫色颜料为花瓣上色，尖角和边缘留白。

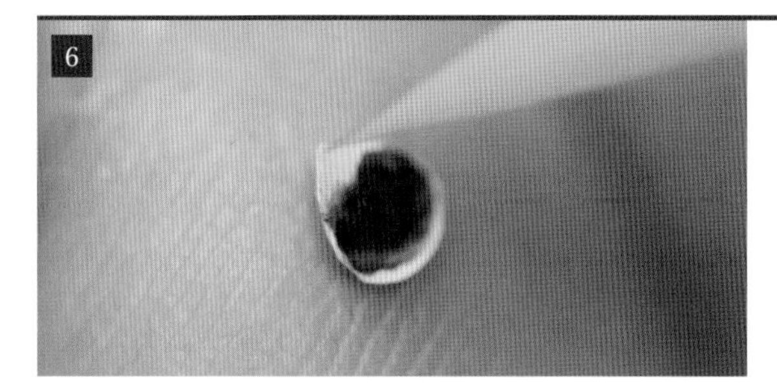

[5]的尖角部分，用彩笔涂上黄色颜料。

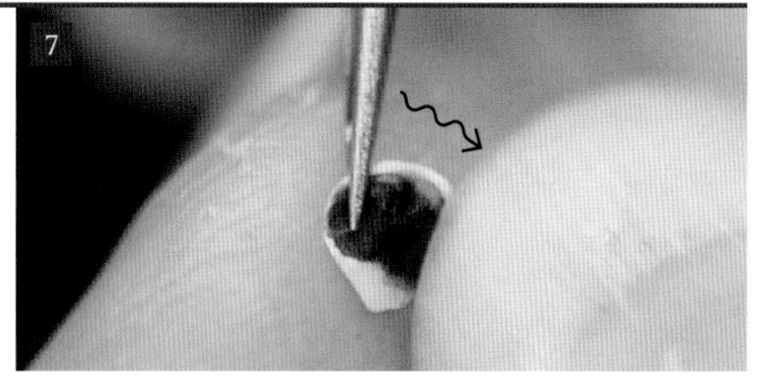

待上述步骤的颜料干后，如图用镊子在边缘夹出波状，形成花瓣的褶边。下面的花瓣就做好了。

剩余4片花瓣，用蓝色颜料上色，边缘留白。

在花茎的顶端涂抹黏着剂，粘上[8]的4片花瓣。

最后粘上[7]做好的花瓣。花朵就做好了。

制作叶片

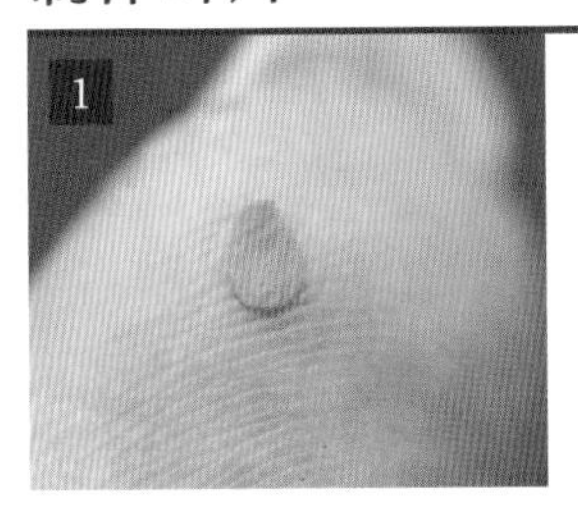

往树脂黏土中混入白色和深绿色颜料，最终揉搓成深绿色。装入自封袋。揉搓，挤出一个直径2毫米的圆粒，搓成椭圆形之后用手指压扁。

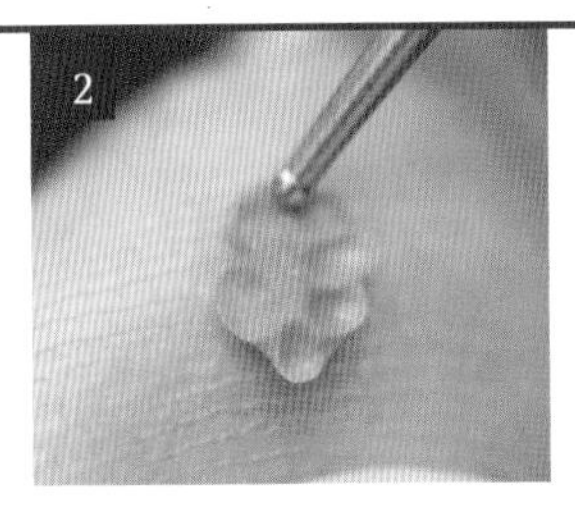

用黏土专用棒的棒尖在1上面按出6~8个凹点。

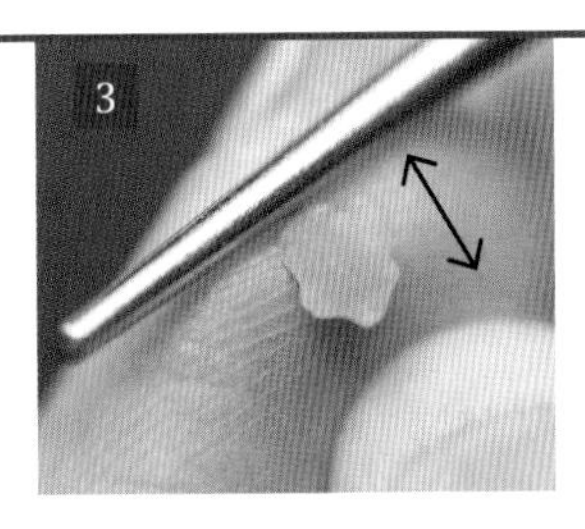

翻面，用黏土专用棒轻轻按压，注意不要压得过薄。

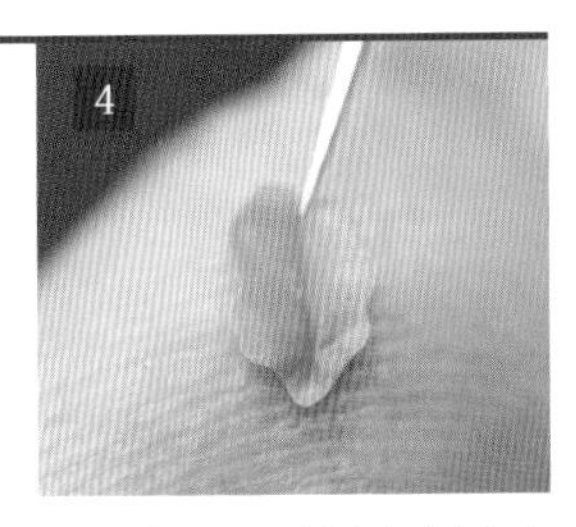

用珠针在小叶片中间划出中线和纹路。制作大小不一共计6枚叶片。

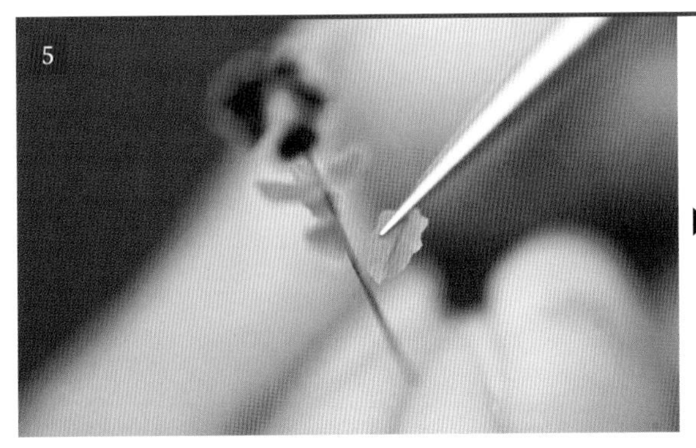

在4叶片的下侧涂上黏着剂，粘在花朵下面的花茎上。

各种花色的三色堇

三色堇有各种花色和花形。制作方式大致相同，根据个人喜好，可以制作不同颜色、大小各异或褶边不一的花瓣。按照以上步骤制作成功后，请试着制作属于自己的三色堇吧。

巧克力波斯菊的制作方法

准备材料

树脂黏土、水彩颜料（白色、绿色、褐色、黄绿色、土黄色、黑色、紫红色）、0.18毫米铜线、黏着剂、黏土专用棒、镊子、黏土专用剪刀、美工刀、切割垫、珠针、自封袋。

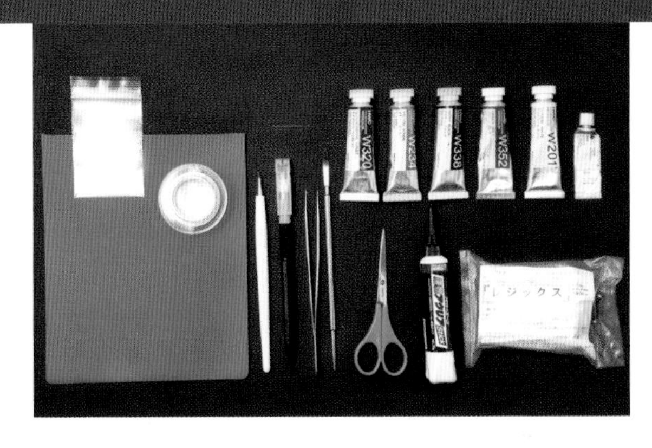

准备黏土

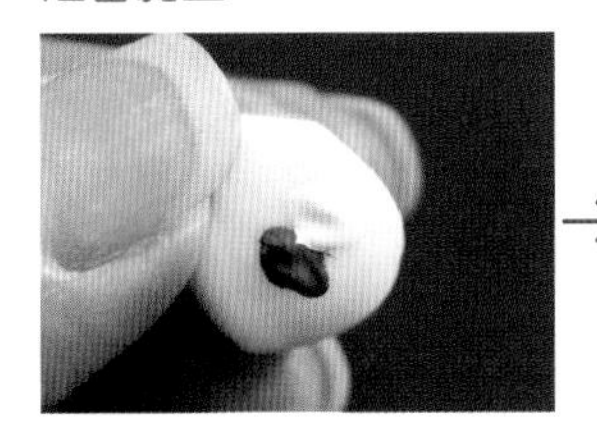

树脂黏土变干后会呈透明色，因此一定要混入少量白色颜料，再根据用途加入其他颜料调色。

→

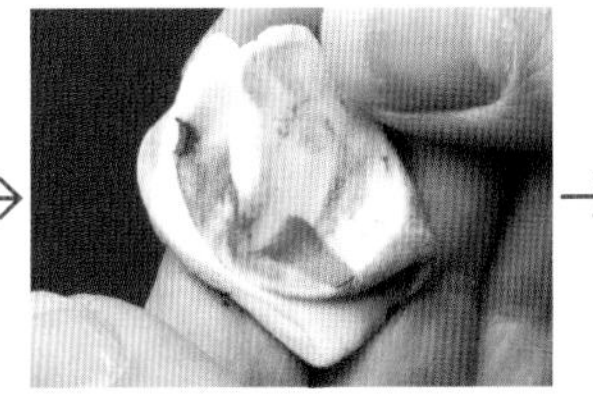

一点一点加入水彩颜料，在黏土变干前快速地揉搓、上色。

→

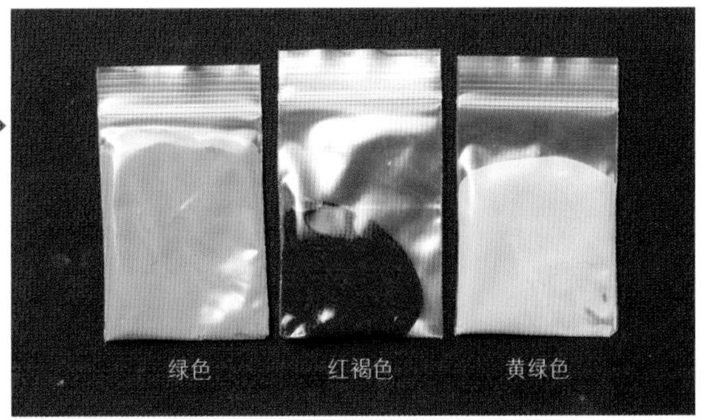

将黏土按颜色进行分类，装入不同的自封袋里。

制作花茎

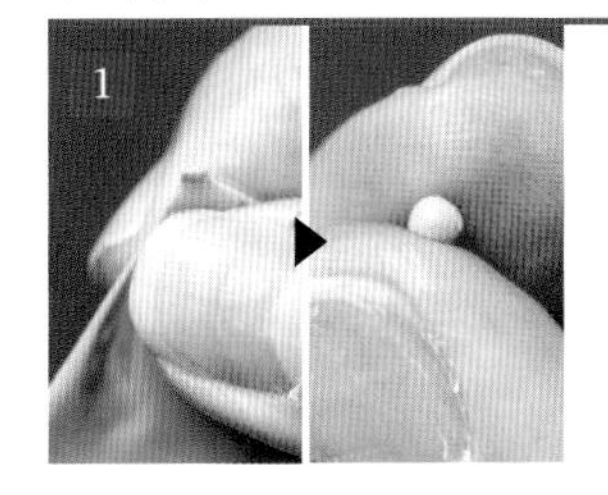

排空自封袋的空气，剪出一个约1毫米的口子。按压自封袋，挤出黄绿色黏土，搓出一个直径约4毫米的圆粒。

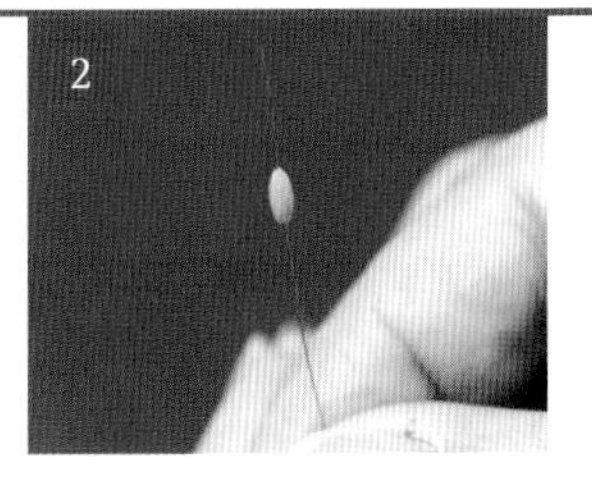

剪下长约5厘米的铜线，将1的黏土均匀地包裹在铜线的上侧，做成厚度均匀的米粒状。

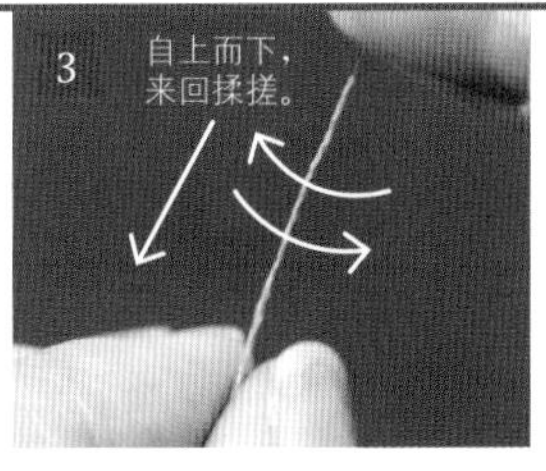

黏土变干前将其迅速地自上而下薄薄地推开，用指腹来回按压使其最终缠在铜线上。

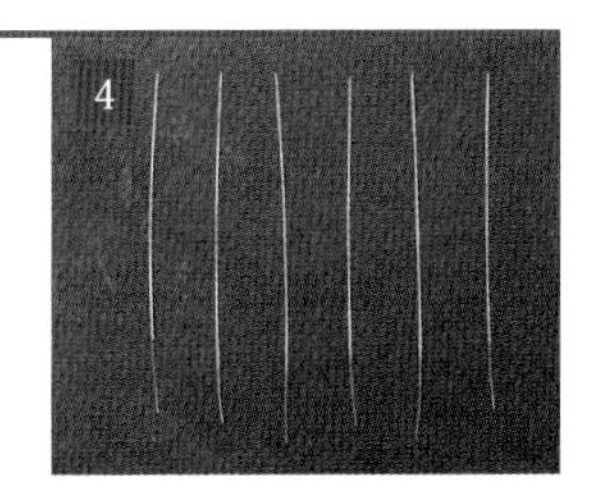

调整铜线上黏土的厚度，使其均匀。剪去铜线上下未附着黏土的部分，得到约4厘米长的黄绿色细长条。这将作为花茎，需做6枝。

制作花蕊

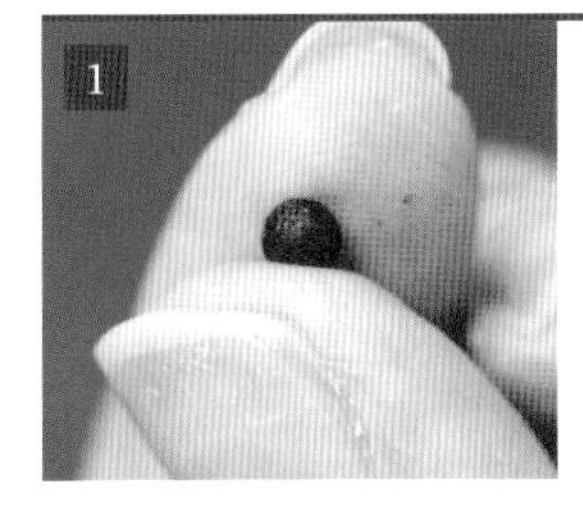

准备红褐色黏土，用指腹搓成5毫米的圆粒。

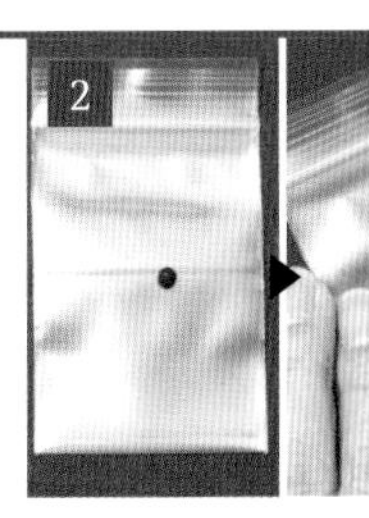

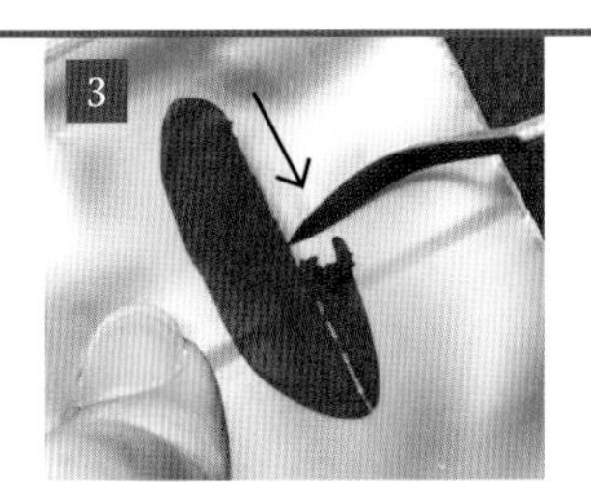

放在自封袋上。用黏土专用棒擀薄。

黏土变干前用黏土专用棒刮除一侧约1/3部分，使切口呈锯齿状。为花蕊增添自然形状。

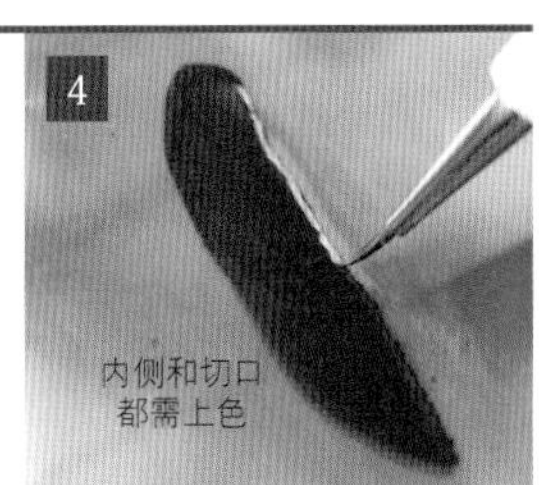

用笔蘸取土黄色颜料，顺着切口处描线、上色。待颜料干后，将其从自封袋上刮起，内侧和切口都要涂上土黄色。

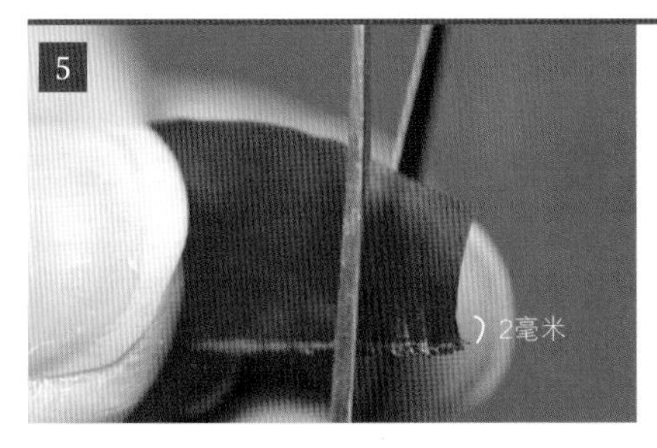

用剪刀剪掉一端，继续用剪刀在上色的位置依次剪出约1毫米的流苏状。

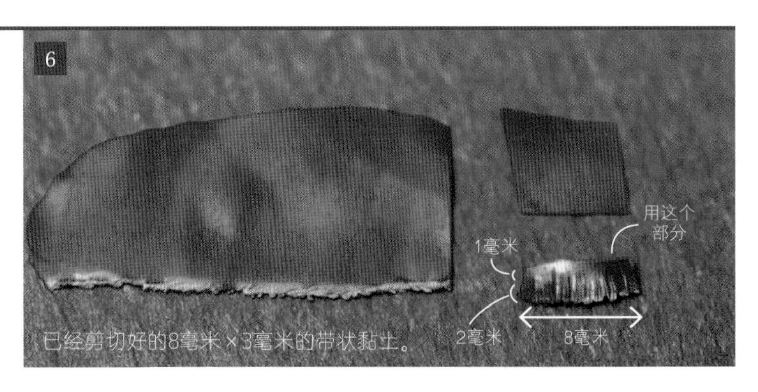

已经剪切好的8毫米×3毫米的带状黏土。

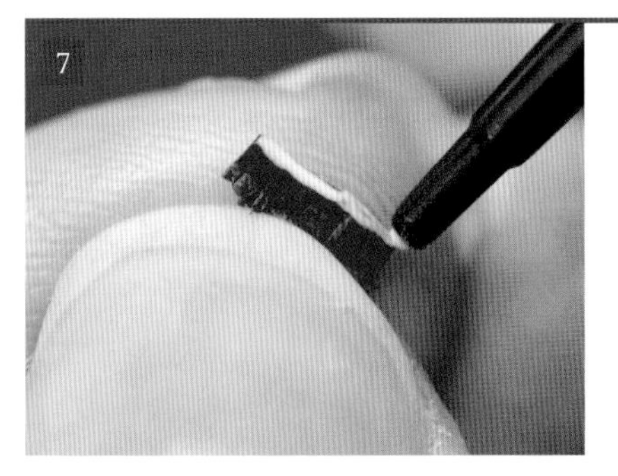

在6部件无切口的一侧涂上黏着剂。

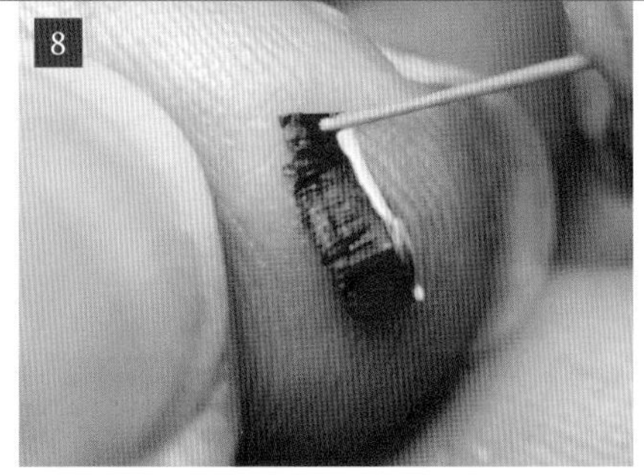

将7卷在花茎的前端。

用手指牢牢固定花茎的衔接位置。调整花茎衔接处呈自然状态。花蕊就做好了。

制作花瓣

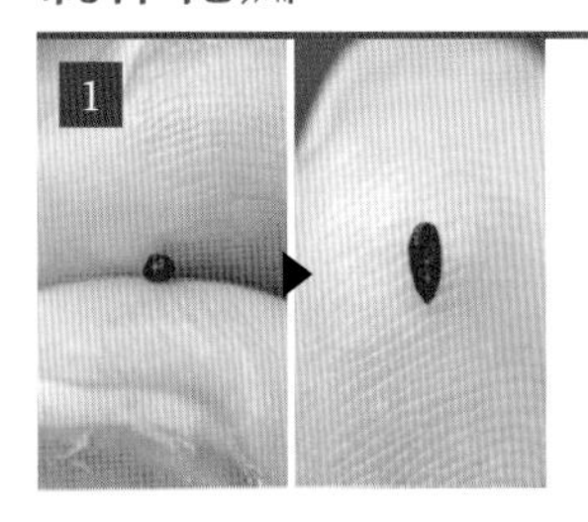

挤出红褐色黏土，形成约1毫米的小圆粒。用指腹搓成椭圆形。

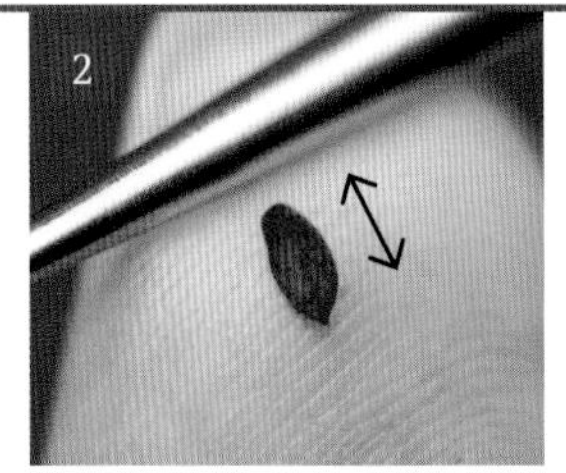

用黏土专用棒压薄，做成花瓣的形状。

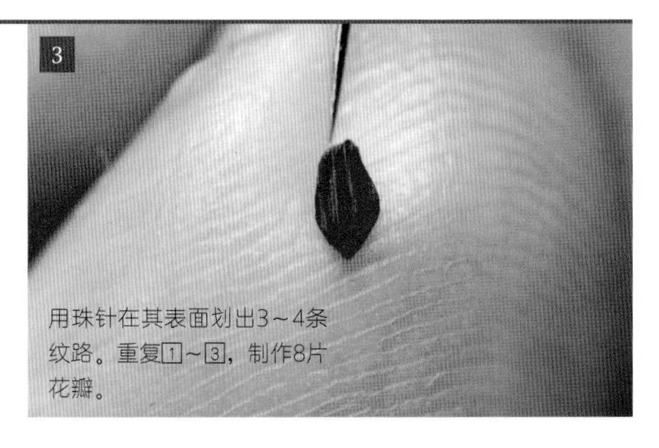

用珠针在其表面划出3～4条纹路。重复1～3，制作8片花瓣。

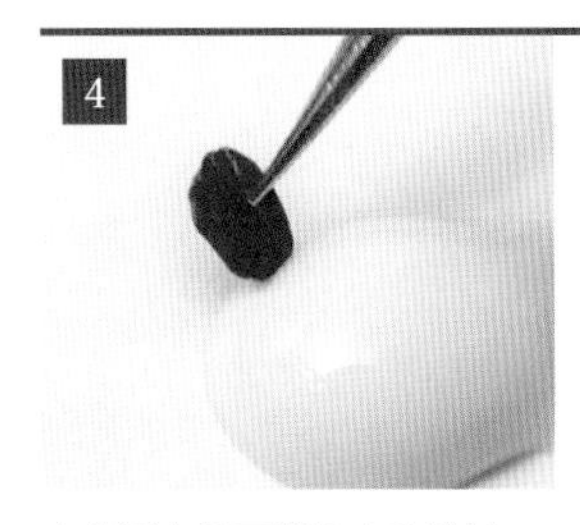

在花瓣内侧下端涂上黏着剂。

将涂有黏着剂的花瓣垂直粘在花蕊上。将其他的花瓣也以同样的方式粘在花蕊上。

8片花瓣全部粘好的样子，花朵完成。

将花萼粘在花苞和花朵上

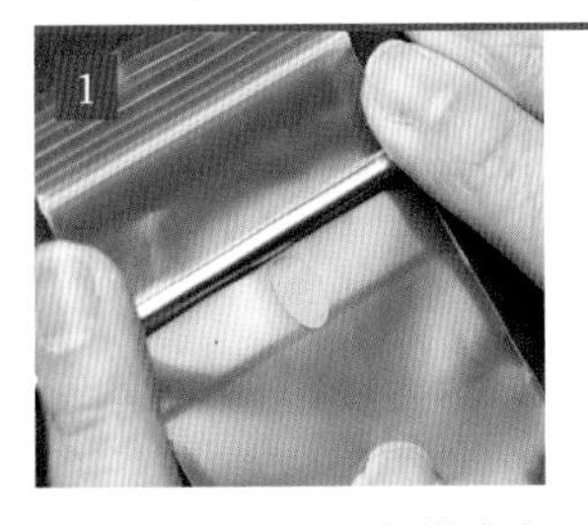

准备黄绿色黏土，揉搓成直径约1毫米的小圆粒，然后放在自封袋上，用黏土专用棒擀成薄片。

待薄片变干后，用美工刀割出2毫米×1.5厘米和3毫米×1.5厘米的带状，各一条。然后再各自切割成8片细长的三角形。这将作为花萼。

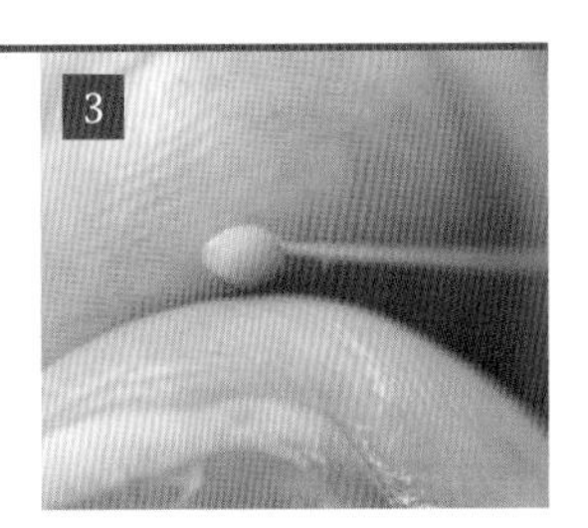

准备约2毫米的黄绿色圆形黏土，插入涂有黏着剂的花茎前端。

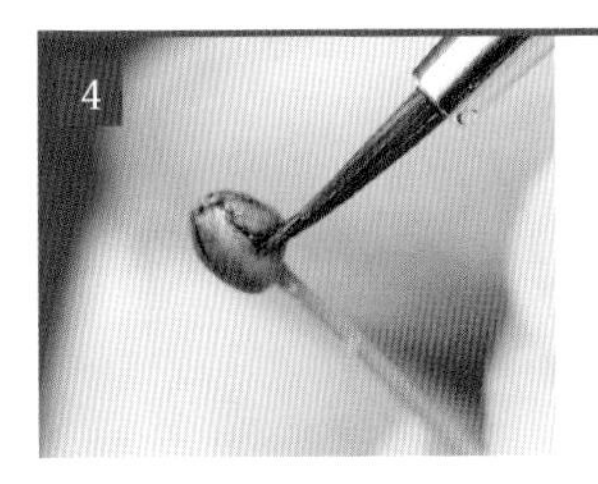

用珠针在[3]表面划出“十”字形纹路，涂上紫红色和黑色混合的颜料。

将[2]的3毫米宽的8条细长三角形粘在花朵的背面。这样，花朵就完成了。

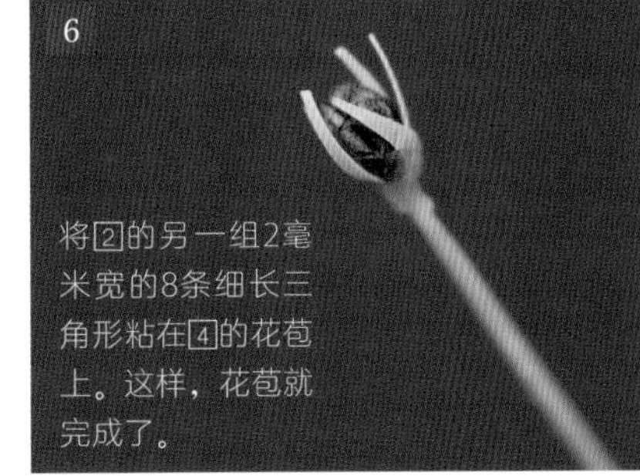

将[2]的另一组2毫米宽的8条细长三角形粘在[4]的花苞上。这样，花苞就完成了。

组装叶片

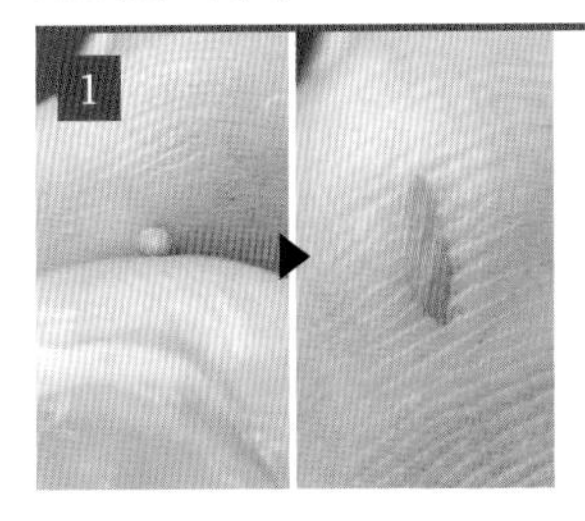

准备约1毫米的绿色圆形黏土。压薄之后搓成米粒状，用指腹再轻轻按压延伸。注意不要过薄。

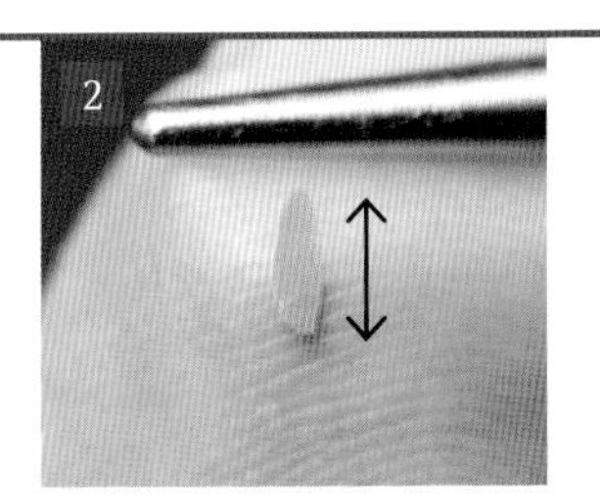

用黏土专用棒压成薄片。

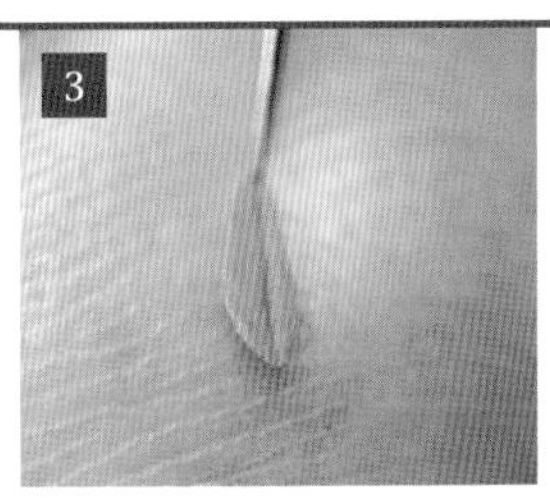

用珠针在薄片上画出中线，制作叶脉。同样的叶片，需制作16枚。

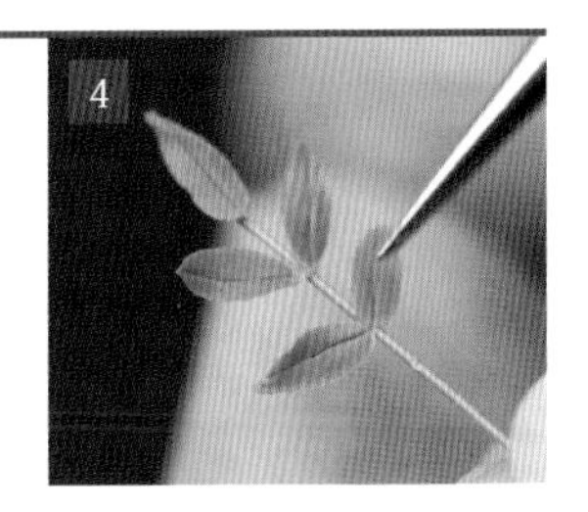

用黏着剂连接叶片前端和花茎，固定。一枝花茎粘合5枚叶片。

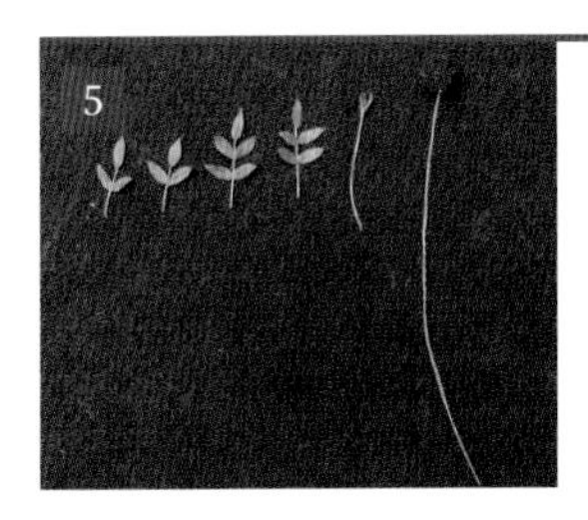

2枝有3枚小叶片的复叶，2枝有5枚小叶片的复叶，1个花苞以及1朵花都完成了。

用黏着剂将各个部分连接在花下的花茎。

花苞和叶片连接之后的样子。

各个部分全部连接完成的样子。

How to make 作品●36页 难易度* 制作时间●约30分钟

多肉植物的制作方法

准备材料

树脂黏土、水彩颜料（白色、绿色、黄绿色、青绿色、土黄色、黑色、明黄绿色、紫红色、褐色）、0.2毫米铜线、黏着剂、黏土专用棒、镊子、黏土专用剪刀、描图笔、笔、自封袋。

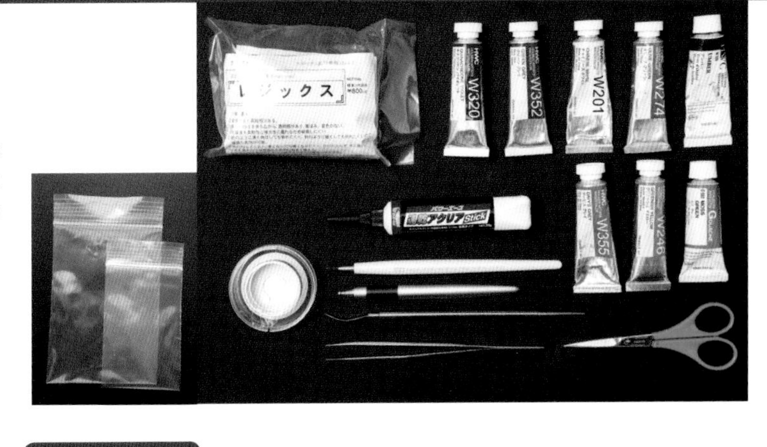

黑王子

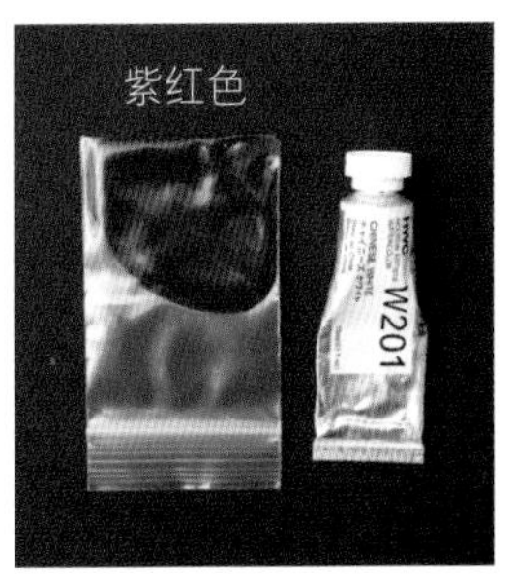

准备黏土和颜料

树脂黏土变干后会呈透明色，因此一定要混入少量白色颜料，再快速地加入紫红色颜料，然后装入自封袋。另外准备白色颜料。

制作茎

＊制作中使用的颜色会有差异，但制作流程是完全相同的。

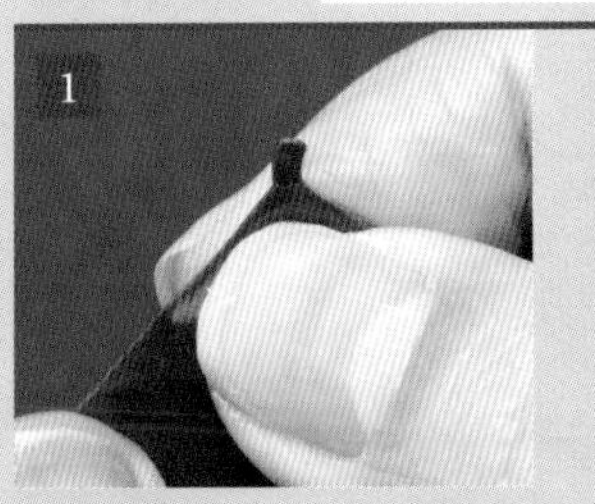

1 排空自封袋的空气，剪出一个约1毫米的口子。按压自封袋，挤出直径3毫米左右的紫红色黏土。

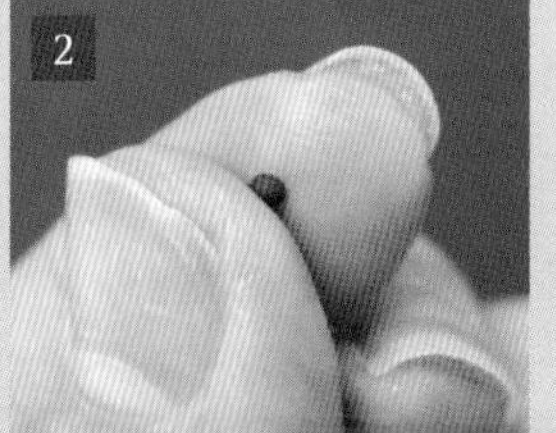

2 用手指快速地搓成圆粒。

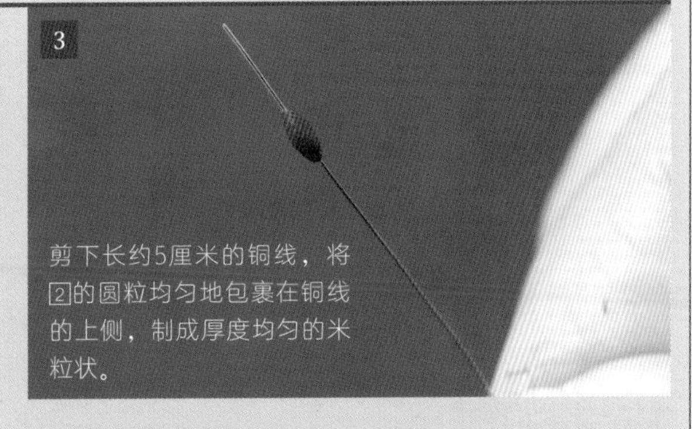

3 剪下长约5厘米的铜线，将[2]的圆粒均匀地包裹在铜线的上侧，制成厚度均匀的米粒状。

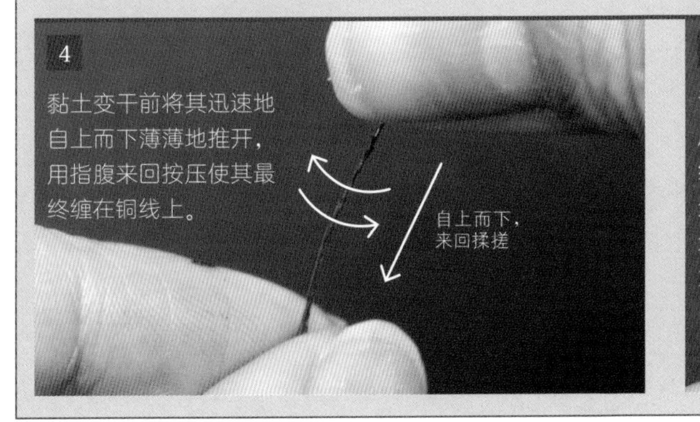

4 黏土变干前将其迅速地自上而下薄薄地推开，用指腹来回按压使其最终缠在铜线上。

5 调整铜线上黏土的厚度，使其均匀。剪去铜线上下未附着黏土的部分，得到约4厘米长的紫红色细长条。这将作为茎。

黑王子/组装叶片

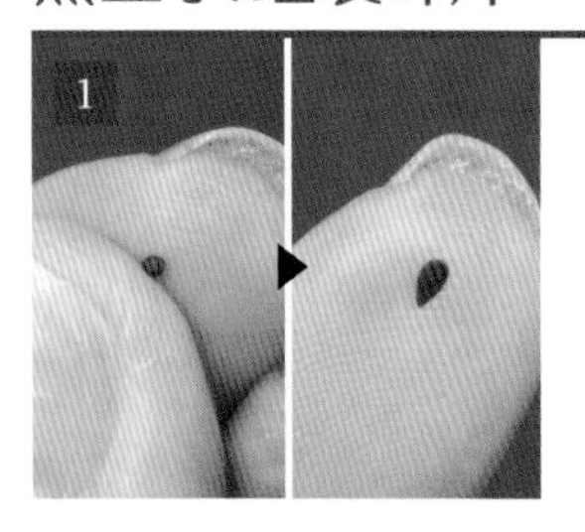
1

准备约2毫米的紫红色黏土，搓成水滴状，用指腹压薄。

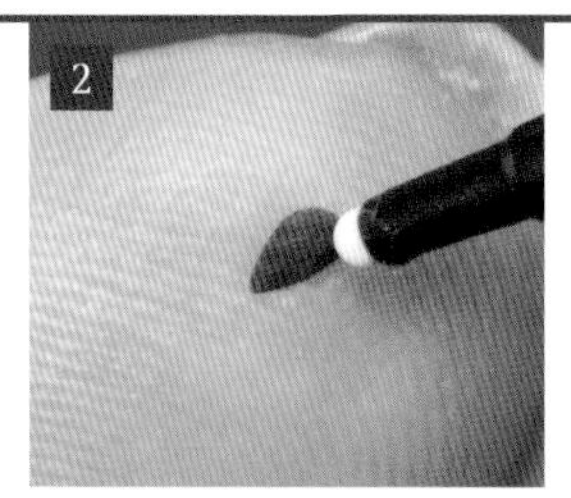
2

叶片呈前端微尖的水滴状。在圆形的一边涂抹黏着剂。

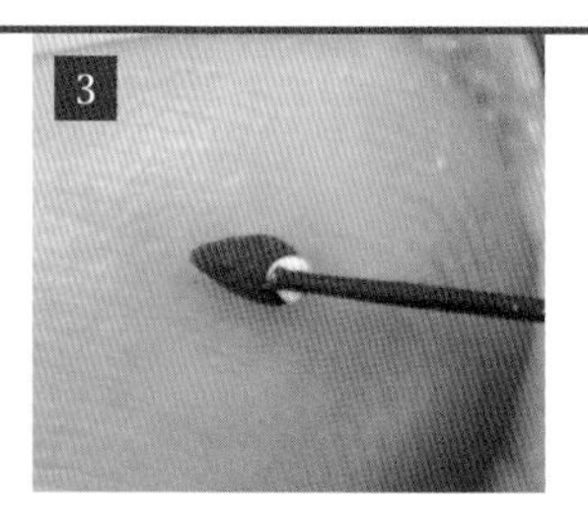
3

将做好的茎与[2]粘合，用手指按压、固定。

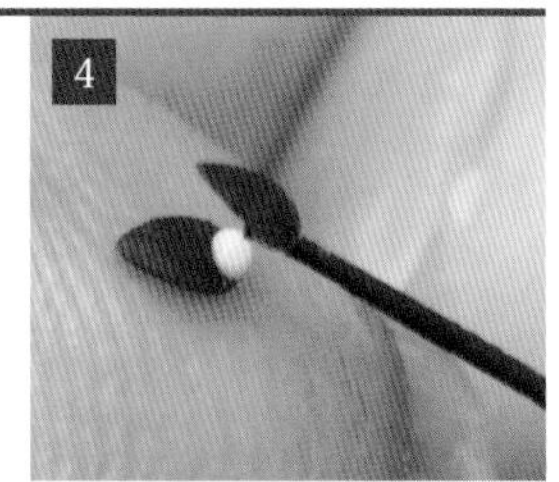
4

重复[1]和[2]，再做一枚叶片。将这枚叶片用黏着剂固定在第一枚叶片的背面。

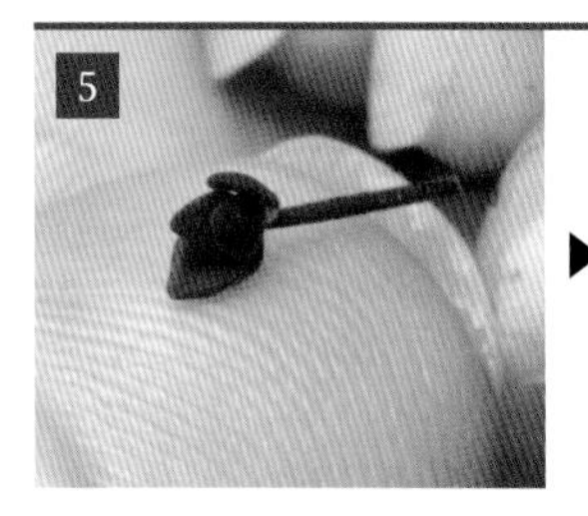
5

重复[1]～[4]，粘合4枚叶片。慢慢地使叶片越做越大，再次重复[1]～[4]，粘上6～10枚叶片。

用笔蘸取白色颜料，对植株整体进行轻轻上色。

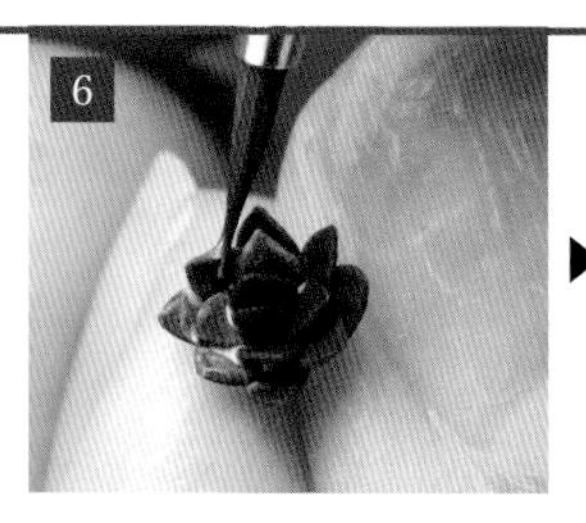
6

颜料变干即可完成。

卡罗拉

组成部分

叶片 6～15枚

茎1枝

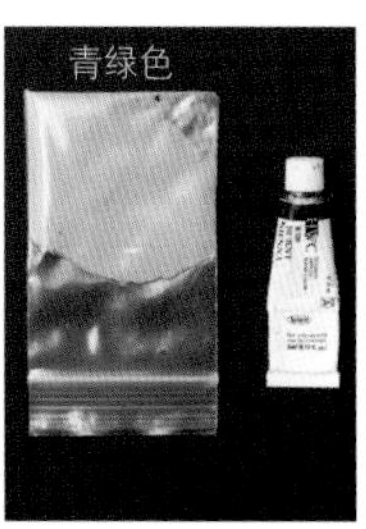

准备黏土和颜料

树脂黏土变干后会呈透明色，因此一定要混入少量白色颜料，再快速地加入蓝绿色颜料，然后装入自封袋。另外准备紫红色颜料。

制作茎

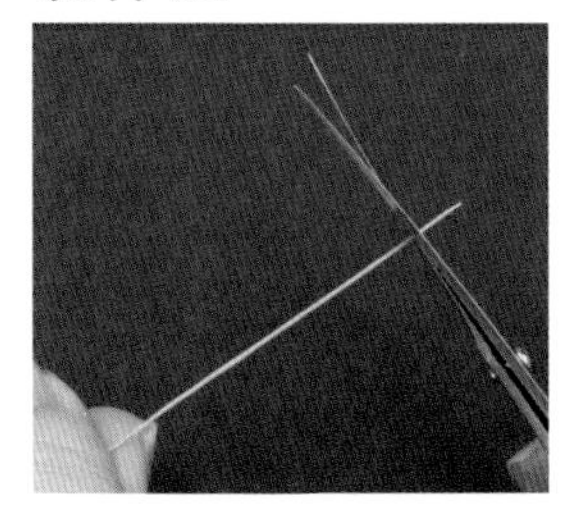

制作方法参照黑王子部分。

卡罗拉/组装叶片

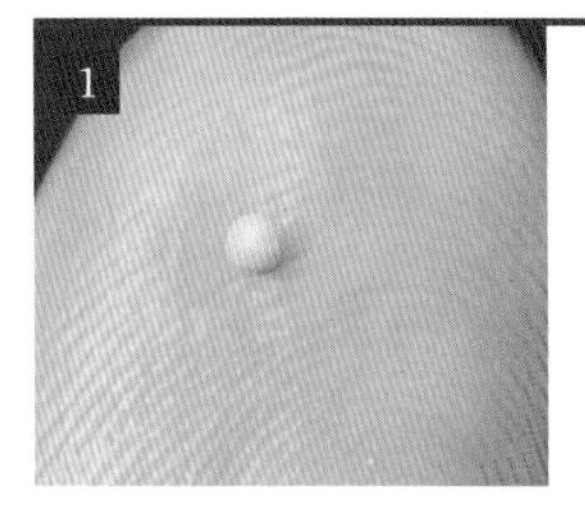
1

准备约2毫米的青绿色黏土，用指腹搓成圆粒。

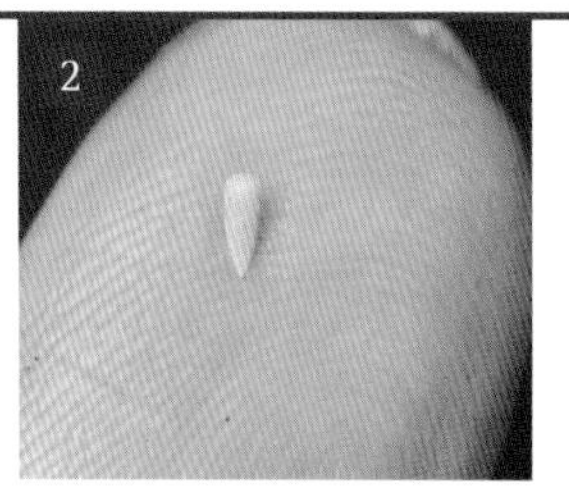
2

用指腹搓出有尖头的水滴状。这将成为叶片。

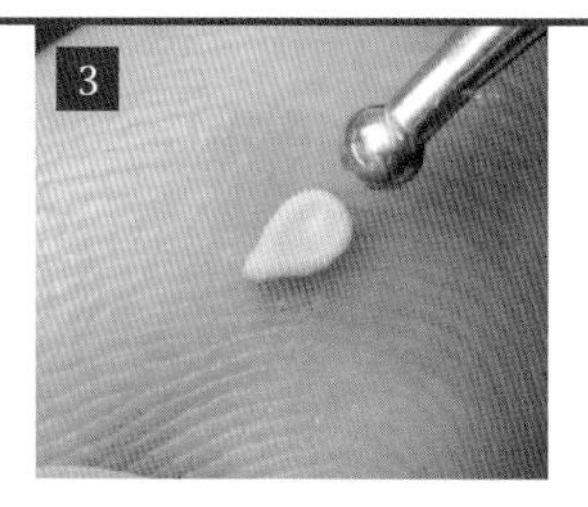
3

用描图笔轻轻按压叶片中线，按压成幅面宽大的叶片。

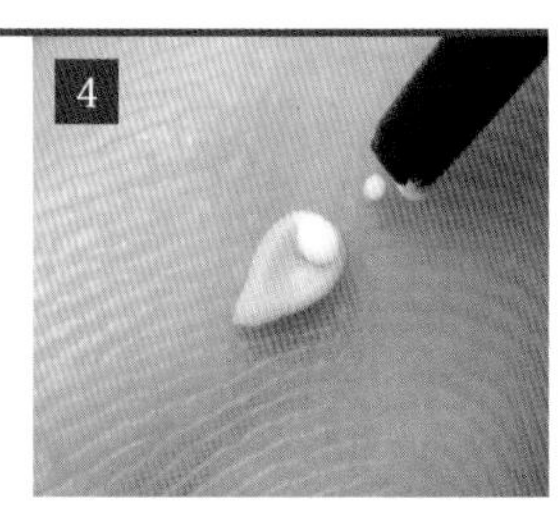
4

将黏着剂涂抹于叶片偏圆的一端。

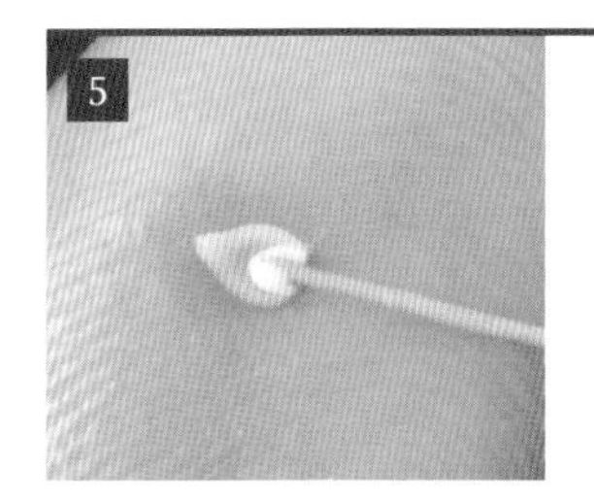

5 将茎粘在[4]的叶片上，用手指按压、固定。

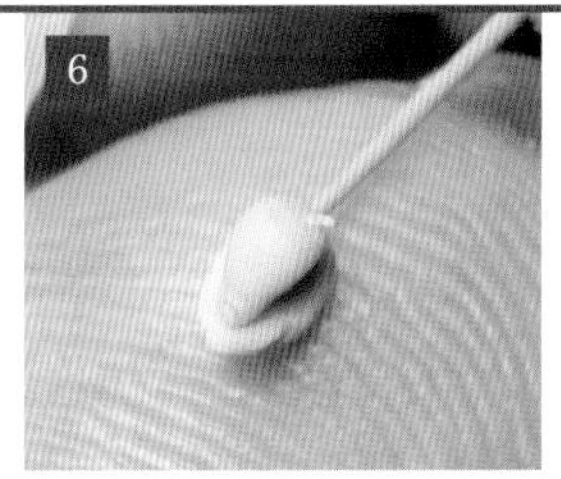

6 重复[1]～[3]，再做一枚叶片。用黏着剂将这枚叶片与第一枚叶片的背面粘合固定。

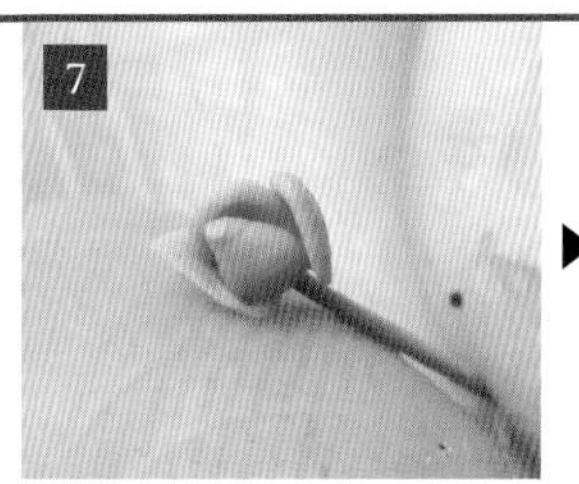

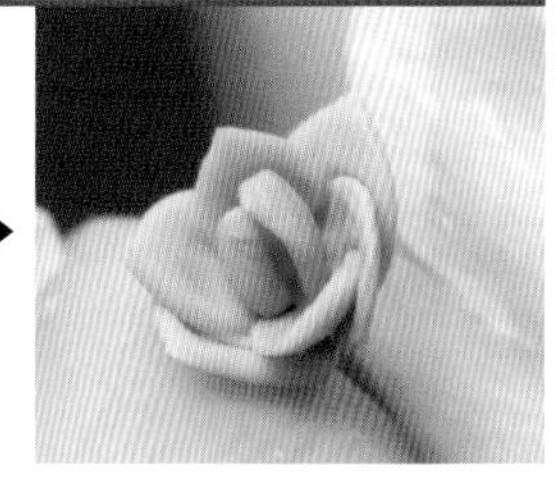

7 重复[1]～[4]，慢慢地使叶片越做越大，再粘上6枚叶片。

8 再重复一次[1]～[4]，制作6～15枚叶片。

9 用紫红色颜料对叶尖上色。颜料变干即完成。

魅惑之宵

组成部分

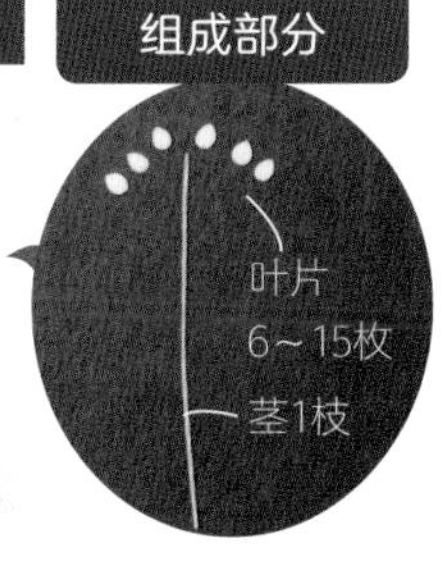

黄绿色

准备黏土和颜料

由于树脂黏土变干后会呈透明色，因此一定要混入少量白色颜料，再快速地加入亮绿色颜料，进行揉搓后装入自封袋。准备土黄色颜料。

制作茎

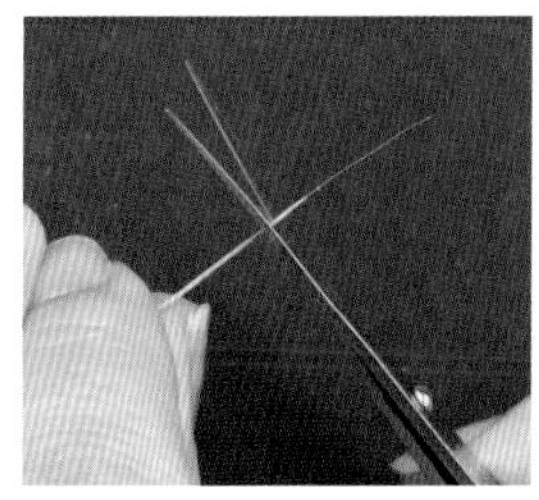

茎的制作方法请参照黑王子部分。

魅惑之宵/组装叶片

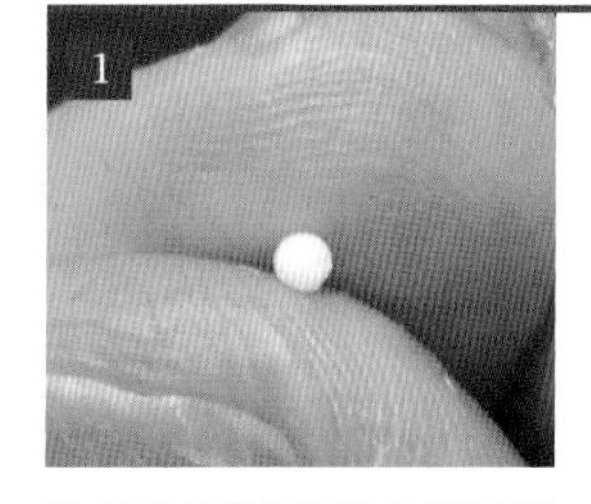

1 准备直径约2毫米的明黄绿色树脂黏土，用指腹搓圆。

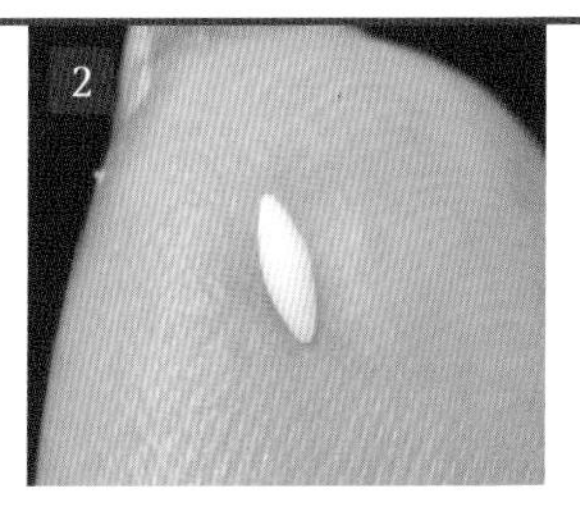

2 用指腹揉搓成一个细长的米粒形。这将作为叶片。

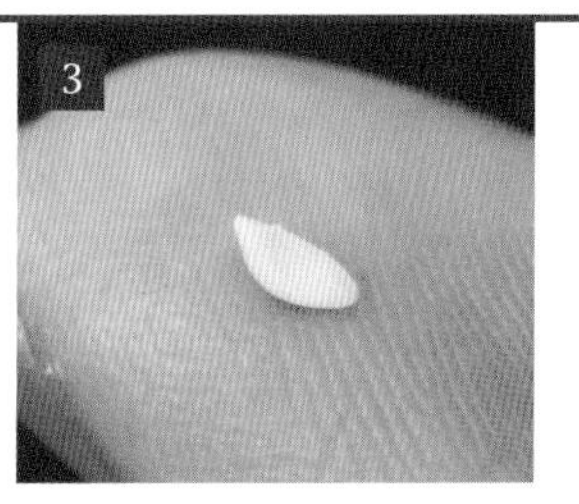

3 用描图笔轻轻按压米粒的中间位置，形成一个幅面较宽的叶片。

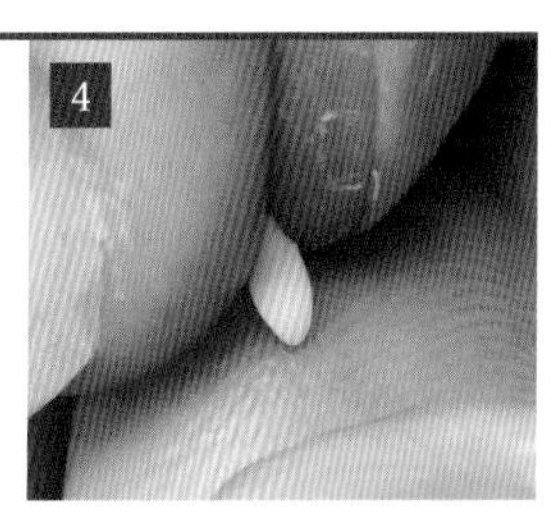

4 用手指捏住尖端，使其变尖。

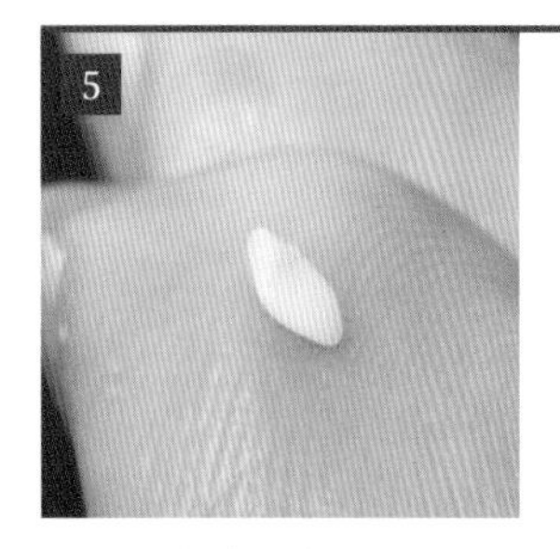

这是一枚叶片的雏形。越靠近外侧，叶片也越大。

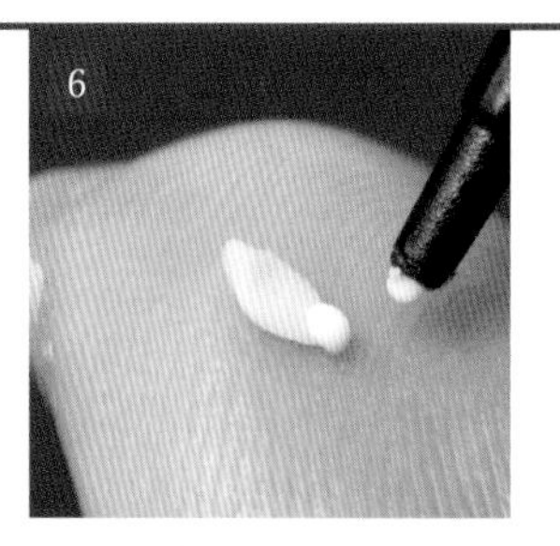

在叶片偏圆的一端涂上黏着剂。

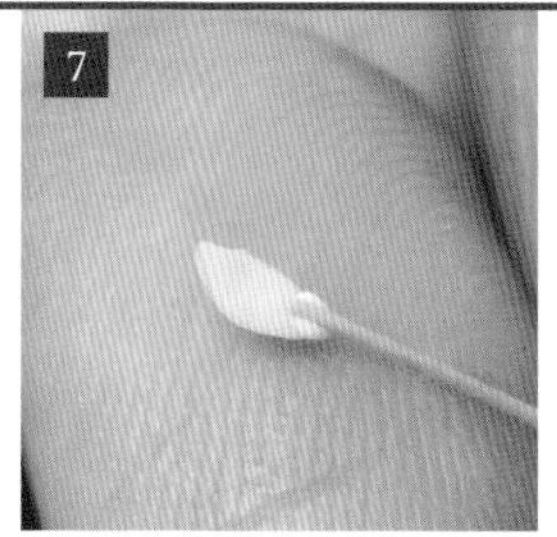

将6粘合在茎上，用手指按压固定。

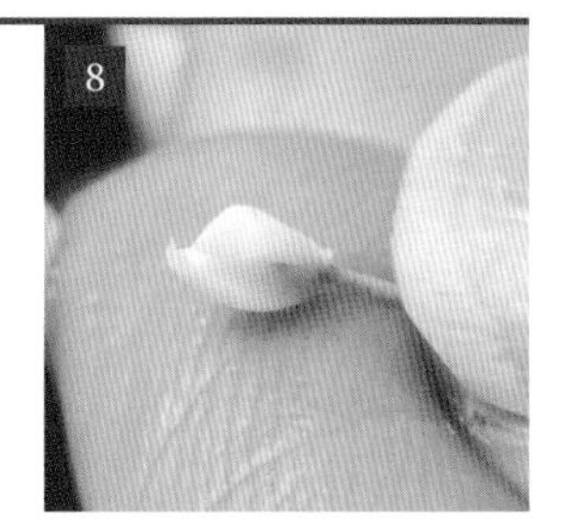

将第二枚叶片用黏着剂粘在第一枚叶片的对侧。

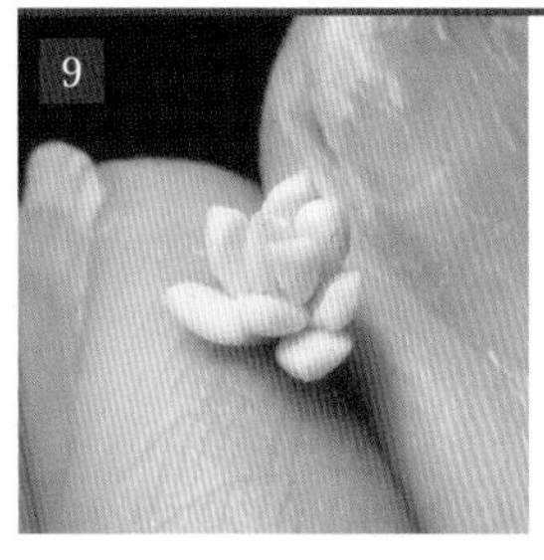

粘合6～10枚叶片，植株整体也随之变大。

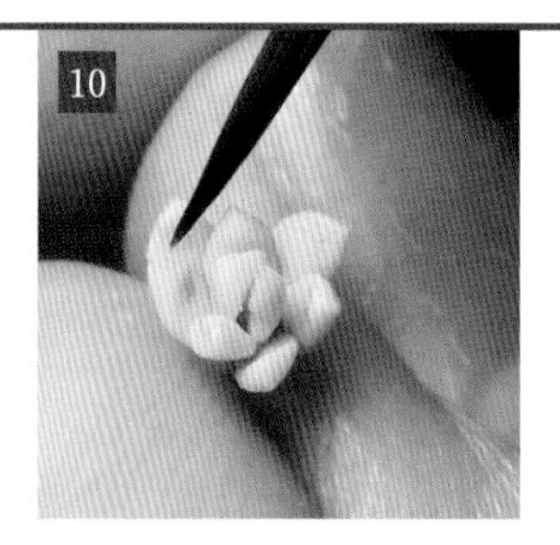

用土黄色颜料对叶片内侧边缘上色。

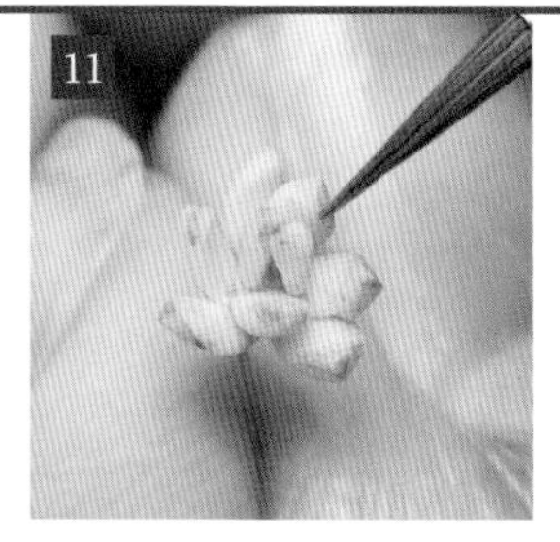

叶片外侧边缘也需涂上土黄色颜料。

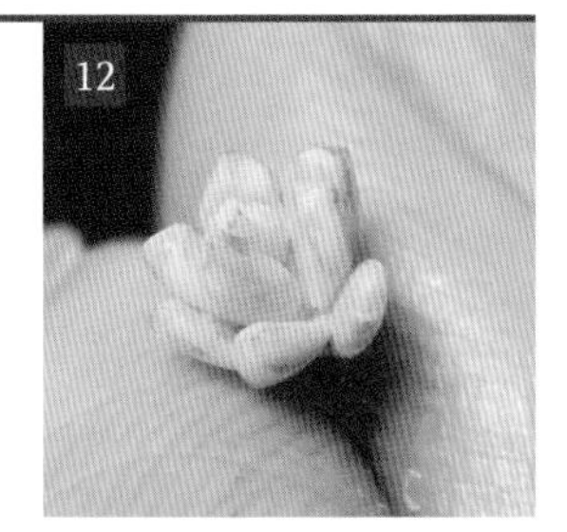

待颜料变干即完成。

乙女心

组成部分

叶片 12枚

花茎 1片

准备黏土和颜料

黄绿色

由于树脂黏土变干后会呈透明色，因此一定要混入少量白色颜料，再快速地加入黄绿色颜料，进行揉搓后装入自封袋。准备绿色和茶褐色颜料。

制作花茎

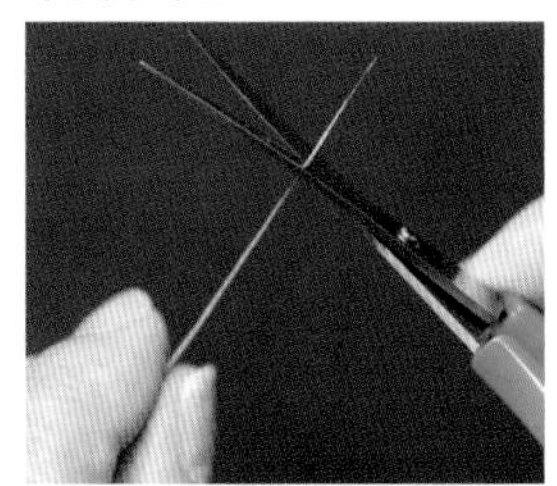

茎的制作方法请参照黑王子的部分。

乙女心/组装叶片

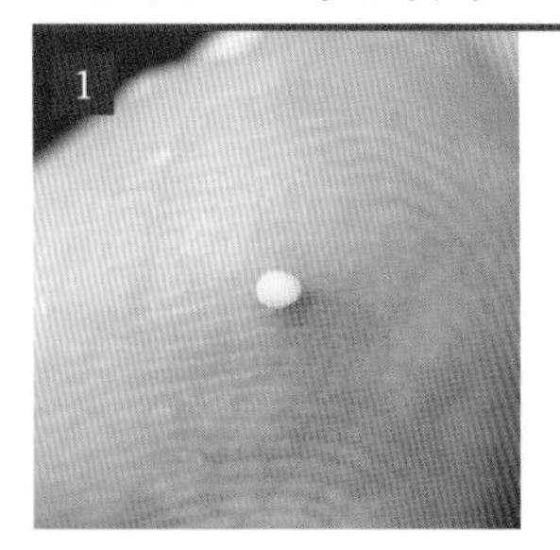

准备约2毫米淡黄绿色的树脂黏土，用指腹搓圆。

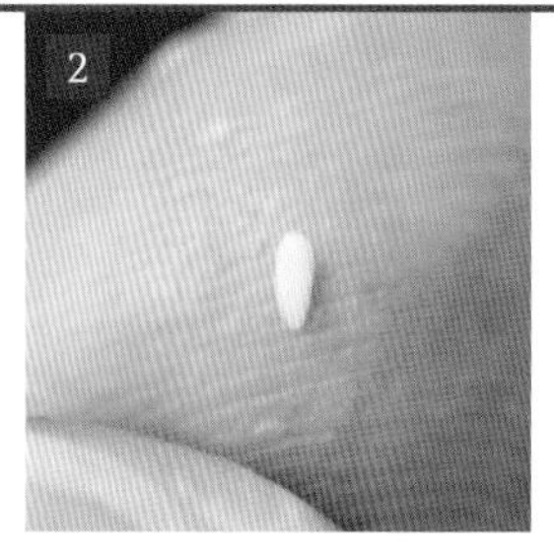

用指腹揉搓成一个细长的米粒形。这将作为叶片。

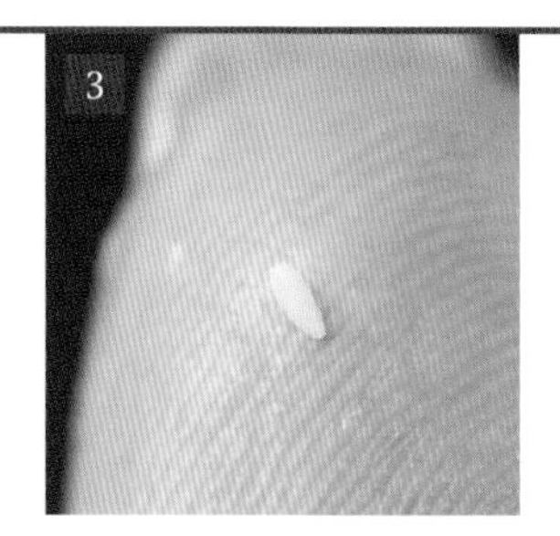

调整成稍细长的叶形。

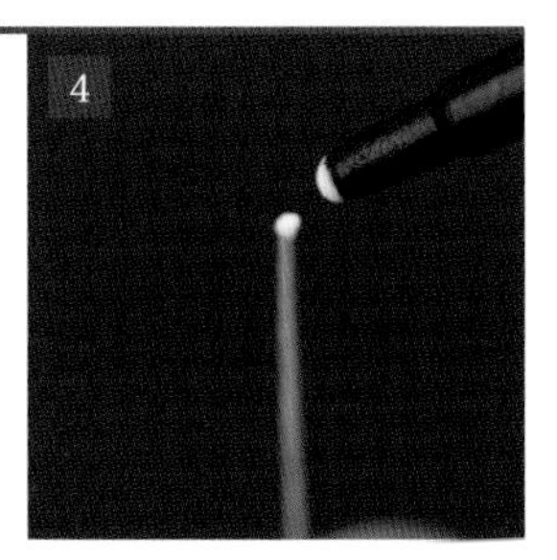

在茎前端涂上黏着剂。

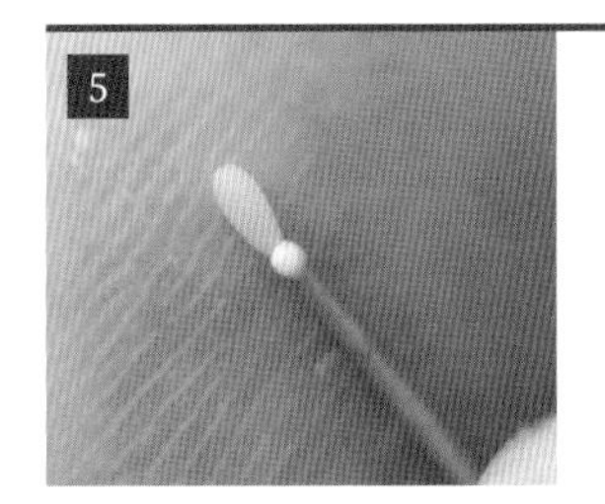

将叶片粘在茎端，用手指按压固定。

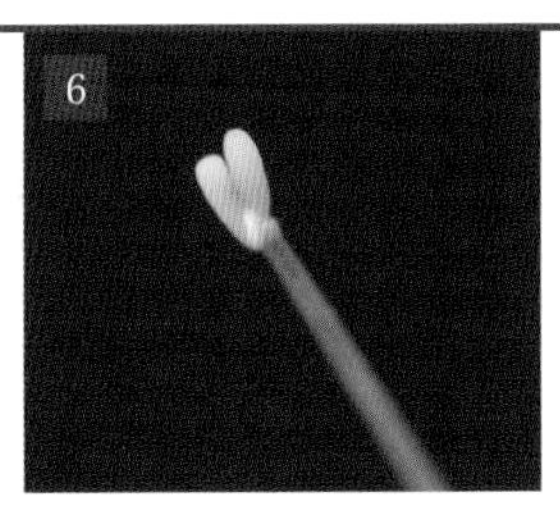

将第二枚叶片用黏着剂粘在第一枚叶片的对侧。

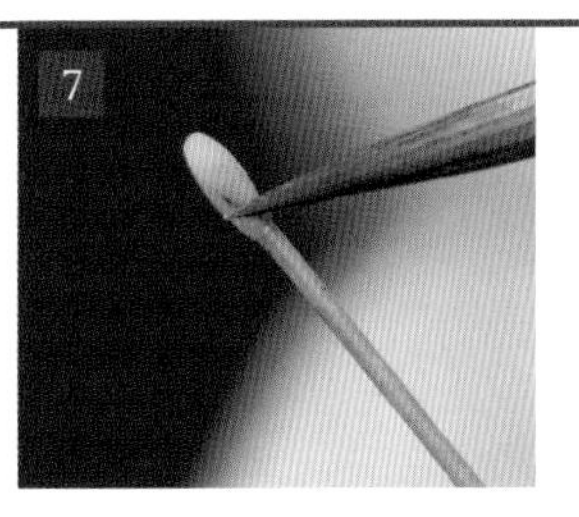

在6的底端涂上绿色颜料。

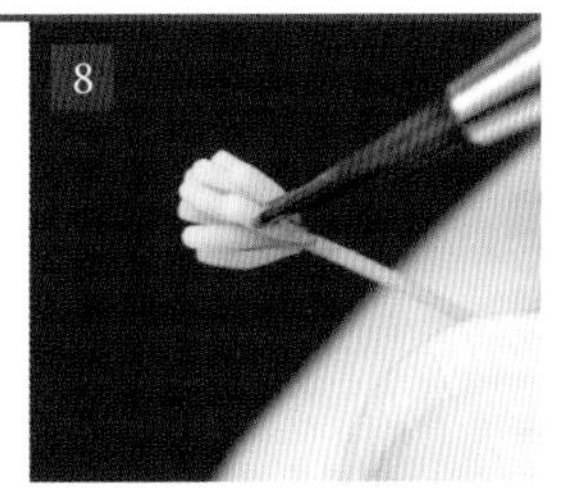

随着粘合的叶片数量变多，叶片也随之变大，每粘合一片，都需在其表面涂上绿色颜料。

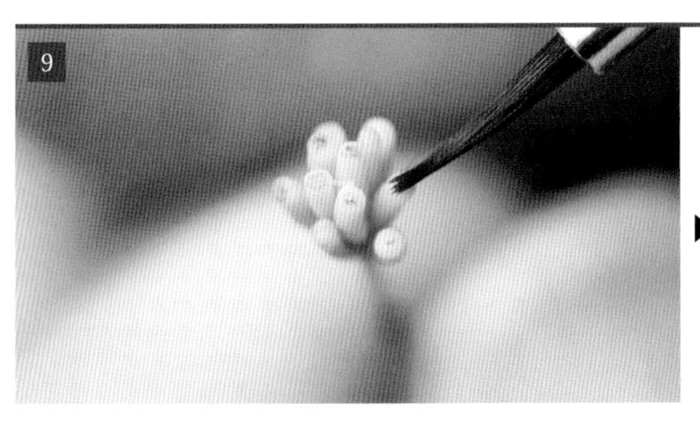

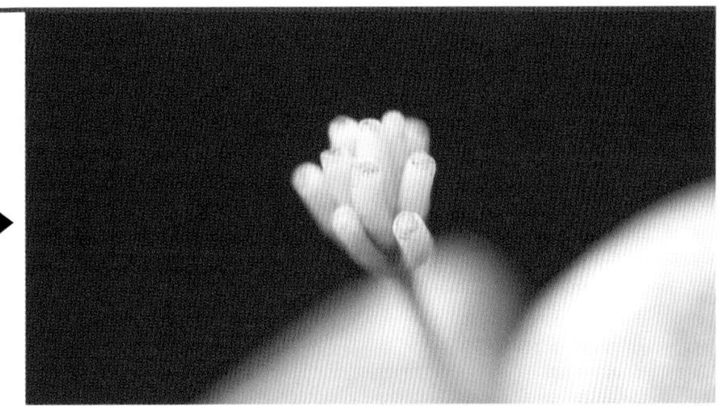

自上而下能看到叶片的尖端位置，在尖端涂上茶褐色颜料。待颜料变干，植株即完成。

十二卷

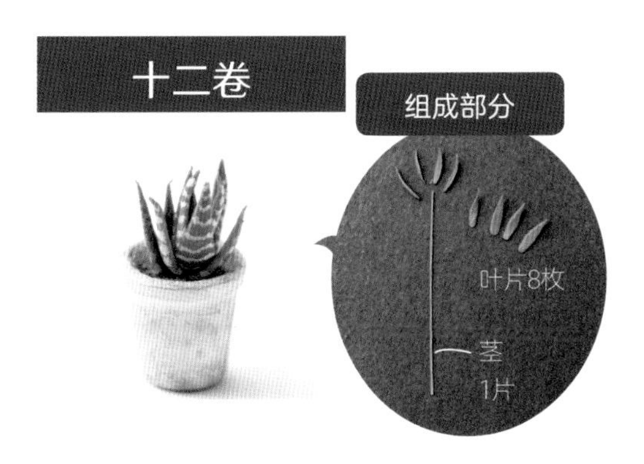

准备黏土和颜料

黄绿色

由于树脂黏土变干后会呈透明色，因此一定要混入少量白色颜料，再快速地加入绿色颜料，进行揉搓，再装入自封袋。另外准备白色颜料。

制作茎

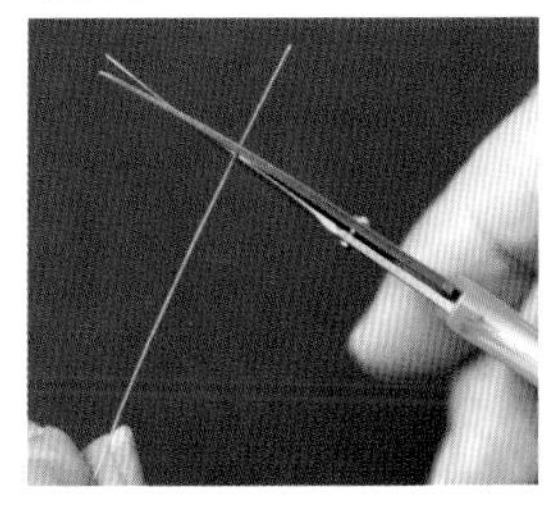

茎的制作方法请参照黑王子部分。

十二卷/组装叶片

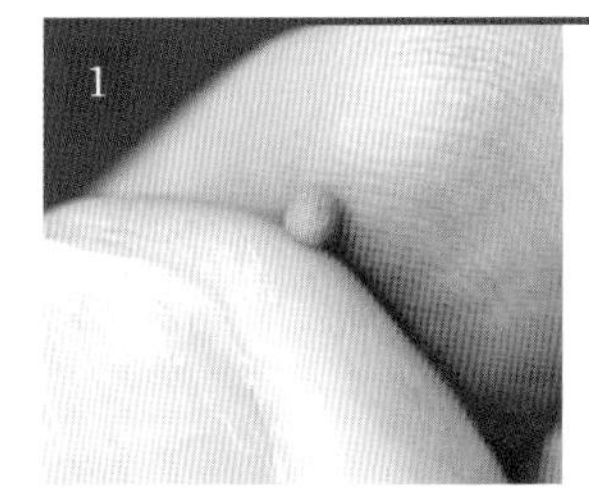

准备约2毫米的绿色树脂黏土，用指腹搓圆。

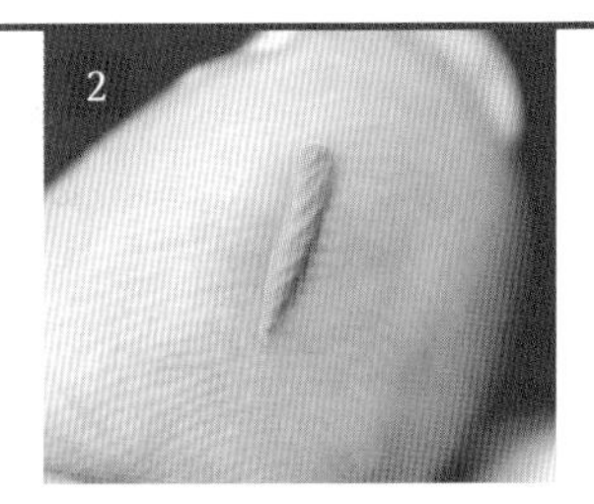

用指腹揉搓成一个细长的米粒形。

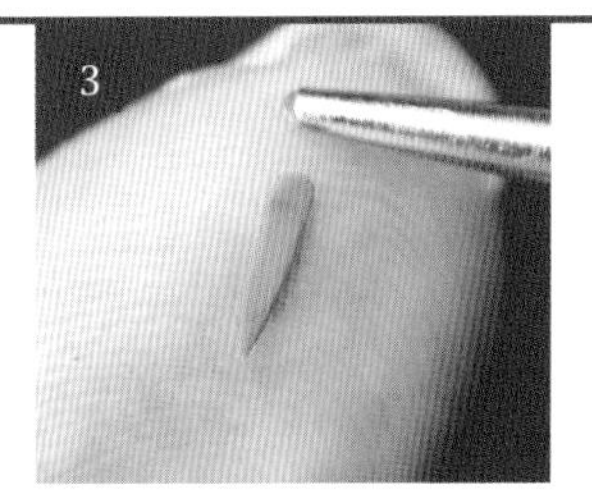

用黏土专用棒轻轻按压使其延展，形成一个稍厚的叶片。

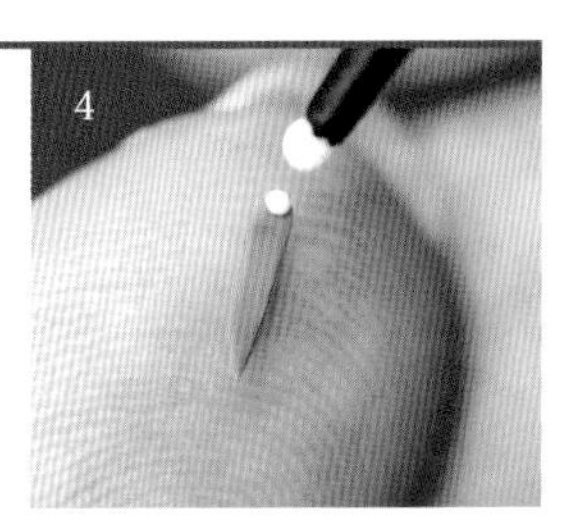

在叶片前端涂上黏着剂。

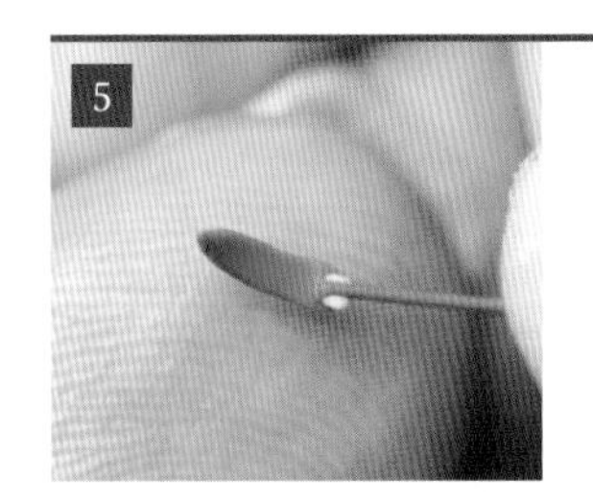

将叶片粘在茎端，用手指按压固定。

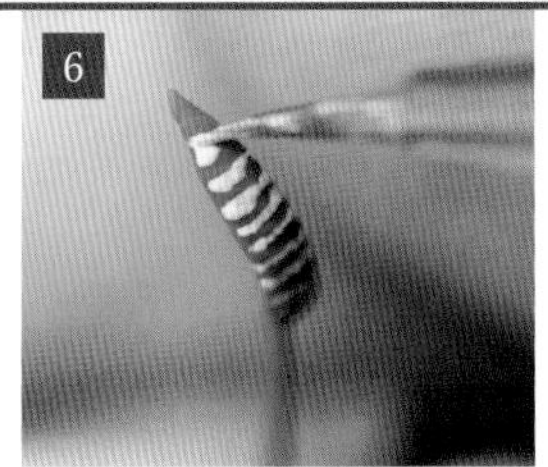

用笔在叶片表面画上白色横条纹。

将第二枚叶片粘在第一枚叶片的对侧。同样，用笔在叶片表面画上白色横条纹。

随着粘合的叶片数量变多，叶片也随之变大，每粘一片，都需在其表面涂上白色横条纹。

八千代

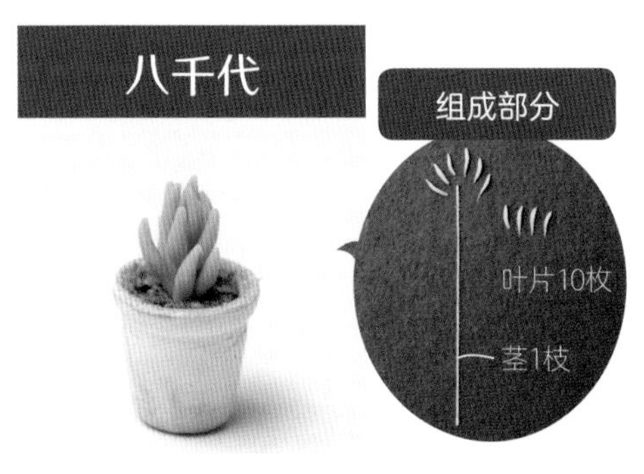

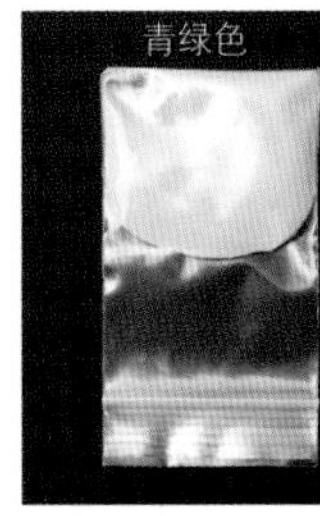

准备黏土和颜料

由于树脂黏土变干后会呈透明色，因此一定要混入少量白色颜料，再快速地加入淡蓝绿色颜料，进行揉搓。装入自封袋。

制作茎

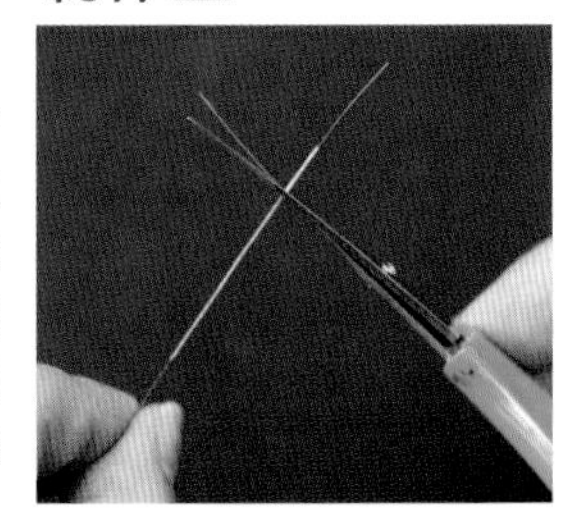

制作方法参照黑王子部分。

八千代/组装叶片

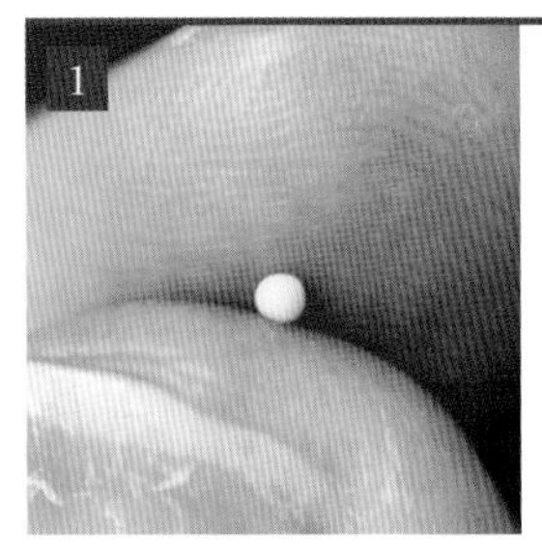

准备约2毫米的淡青绿色树脂黏土，用指腹搓圆。

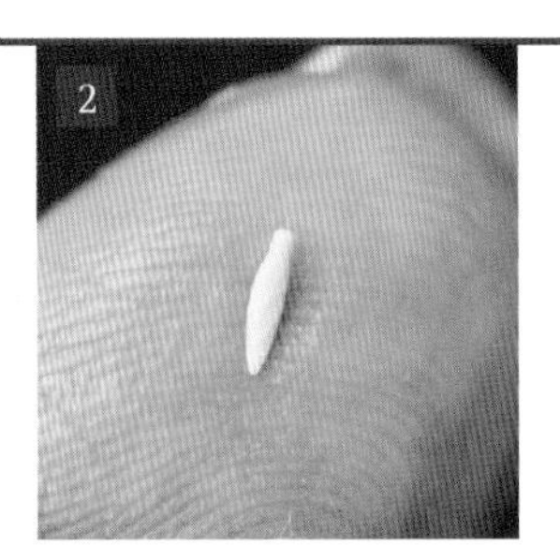

用指腹揉搓成一个细长的米粒形。

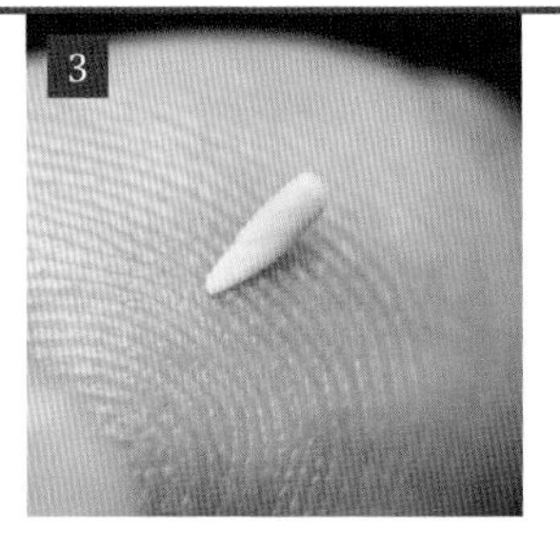

用指腹将其调整成一个叶尖稍尖的细长叶形。

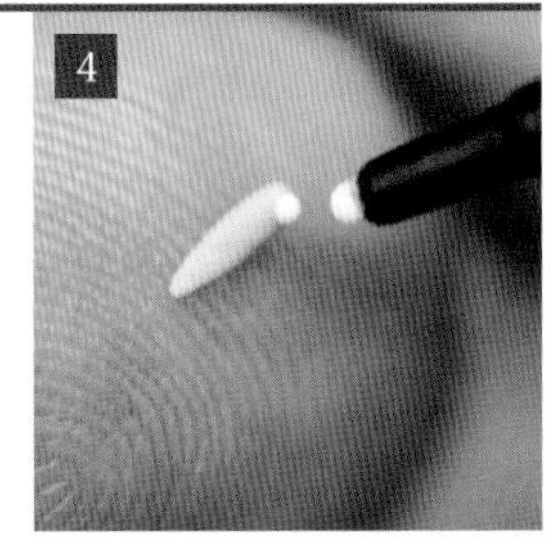

在叶片偏圆的一端涂上黏着剂。

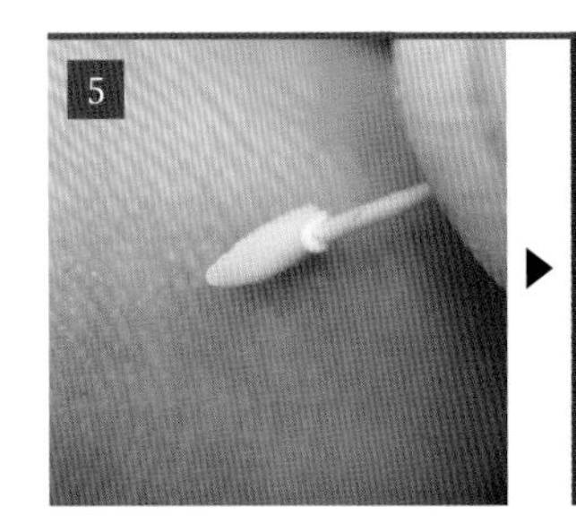

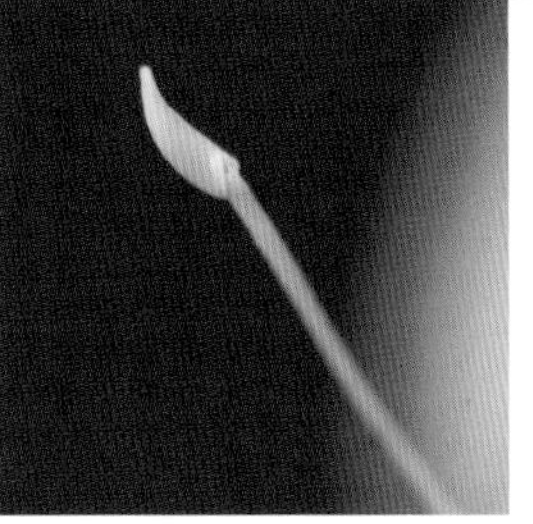

将叶片粘在茎端，用手指按压固定。

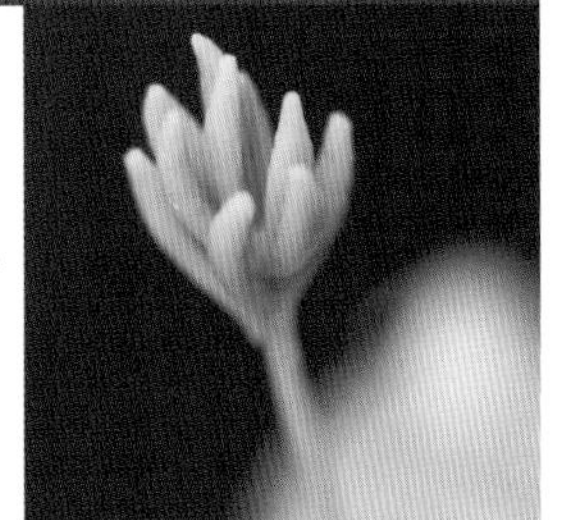

随着粘合的叶片数量变多，叶片也随之变大，再粘上约10枚叶片。

仙客来的制作方法

准备材料

树脂黏土、水彩颜料（白色、深绿色、茶褐色、黄绿色、紫红色）、0.16毫米铜线、黏着剂、黏土专用棒、镊子、黏土专用剪刀、笔、珠针、自封袋。

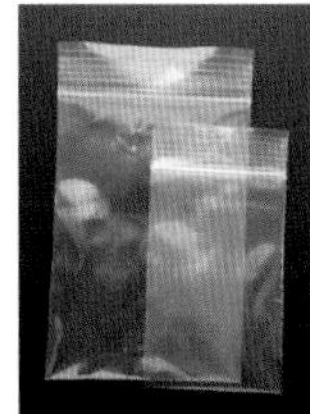

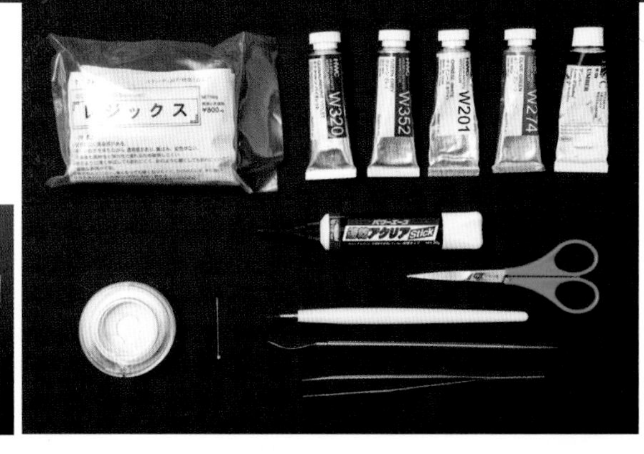

准备黏土

树脂黏土变干后会呈透明色，因此一定要混入少量白色颜料，再根据用途加入其他颜料调色。

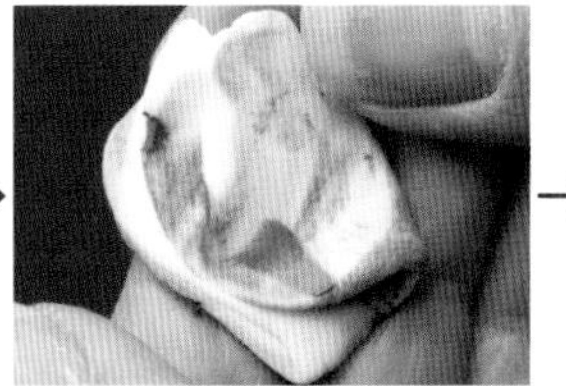

一点一点加入水彩颜料，在黏土变干前快速地揉搓、上色。

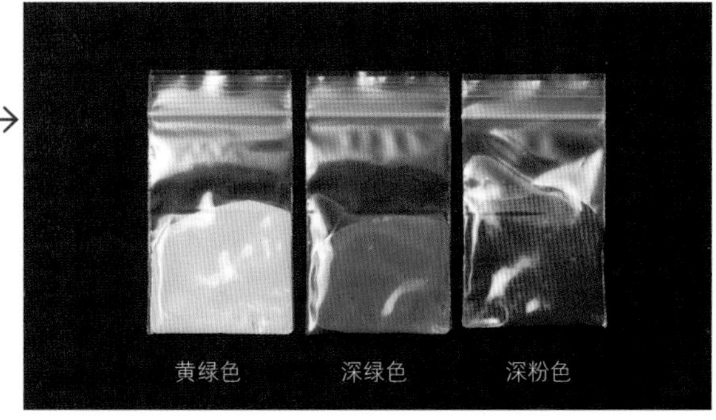

将黏土按颜色进行分类，装入不同的自封袋里。

制作花茎

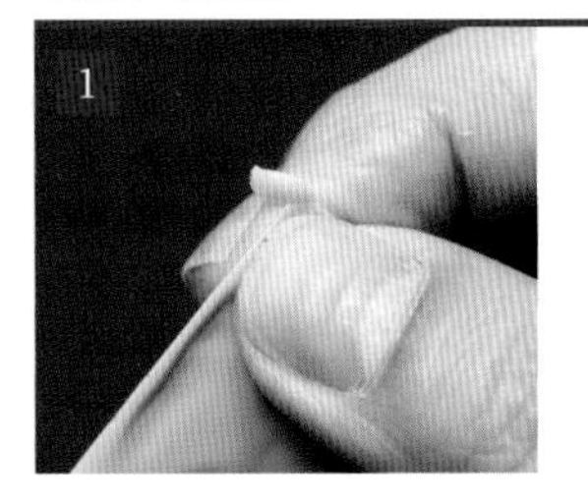

排空自封袋的空气，剪出一个约1毫米的口子。按压自封袋，挤出黄绿色黏土，搓成一个直径约3毫米的圆粒。

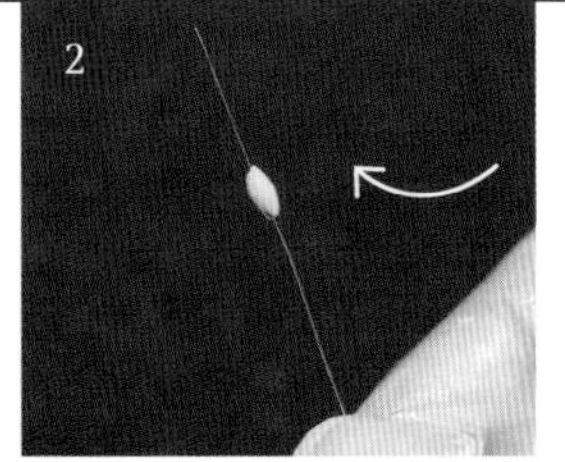

剪下长约5厘米的铜线，将1的黏土均匀地包裹在铜线的上侧，制成厚度均一的米粒状。

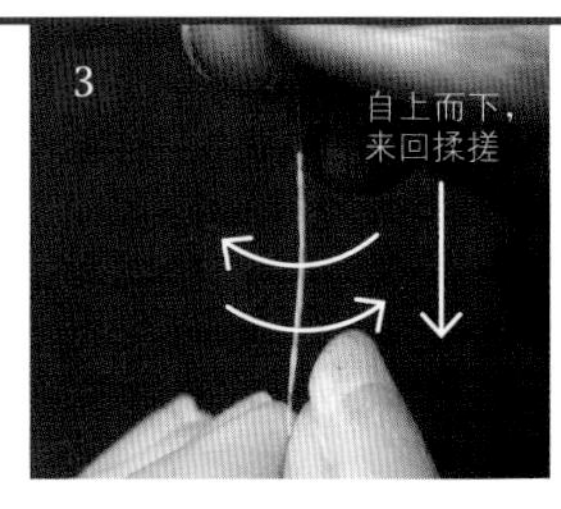

黏土变干前将其迅速地自上而下薄薄地推开，用指腹来回按压使其最终缠在铜线上。

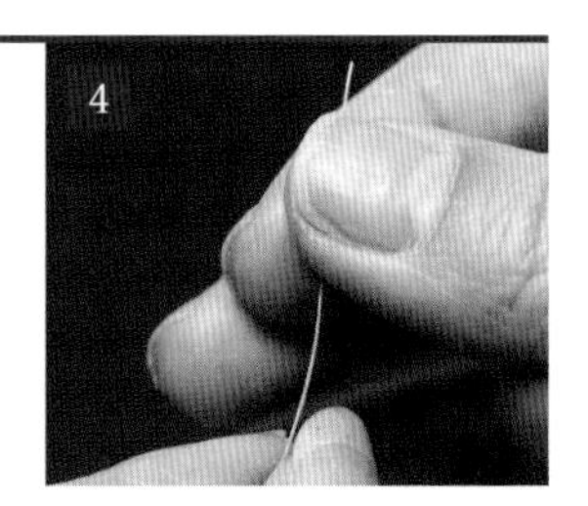

调整铜线上黏土的厚度，使其均匀。

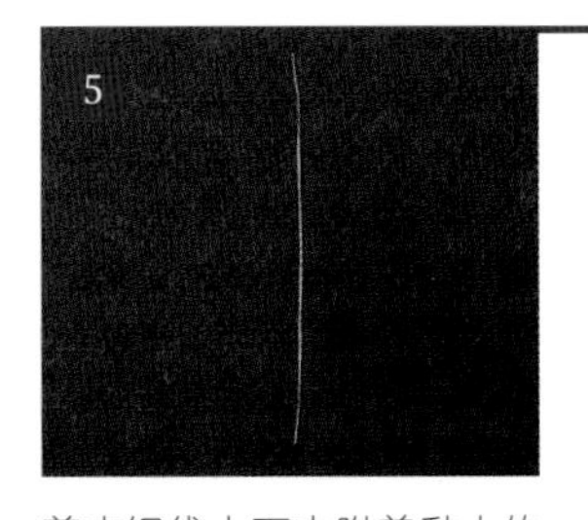

剪去铜线上下未附着黏土的部分，得到约4毫米长的黄绿色细长条。这将作为花茎。重复1·5，制作9枝花茎。

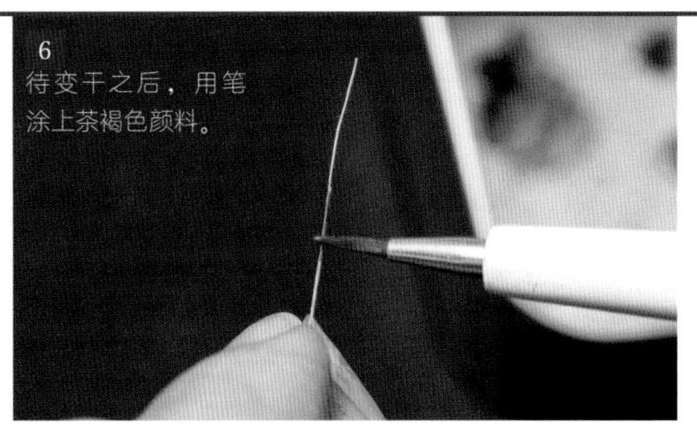

待变干之后，用笔涂上茶褐色颜料。

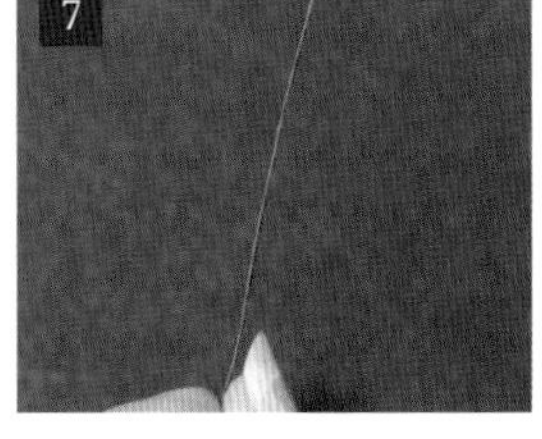

16枝花茎全都涂上茶褐色。其中8枝要粘合花朵，2枝要粘合花苞，剩余6枝均等对折剪成12枝叶柄。

制作花朵

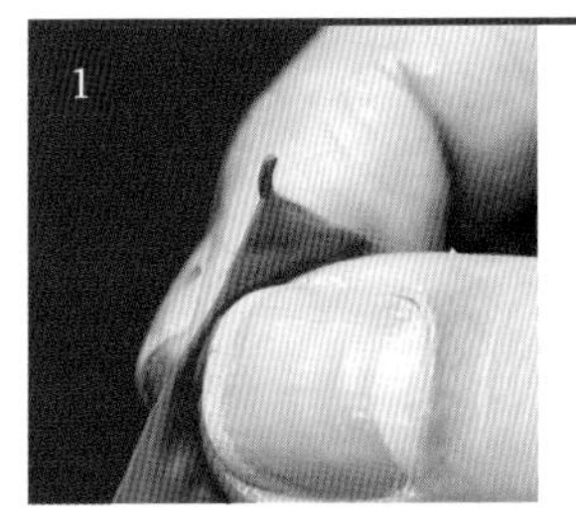

1 准备直径约1.5毫米的深粉色黏土，搓圆。

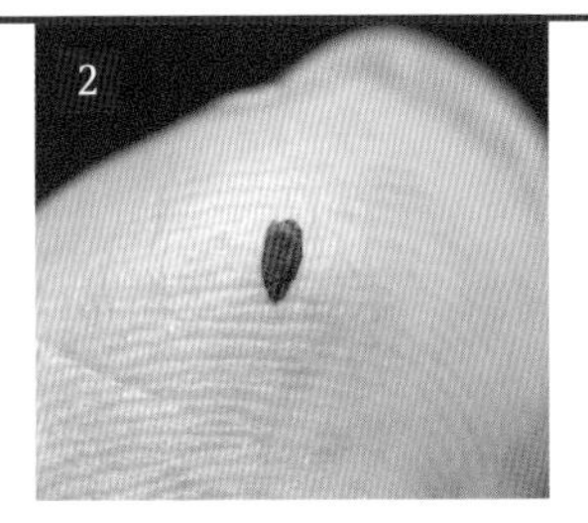

2 调整为水滴状，用指腹轻压。

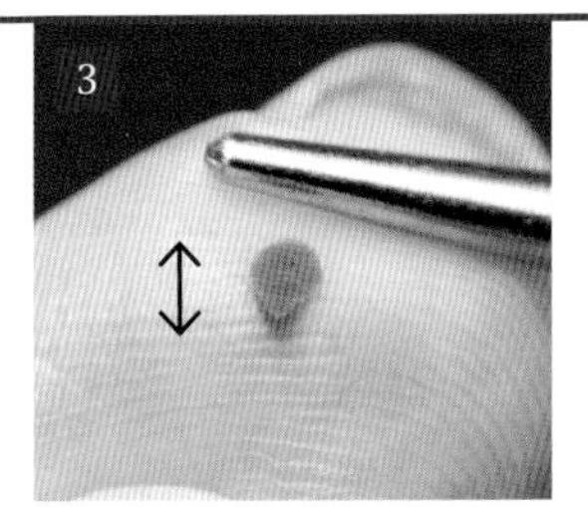

3 用黏土专用棒将其压薄。这将作为花瓣。重复1~3，制作10片花瓣。

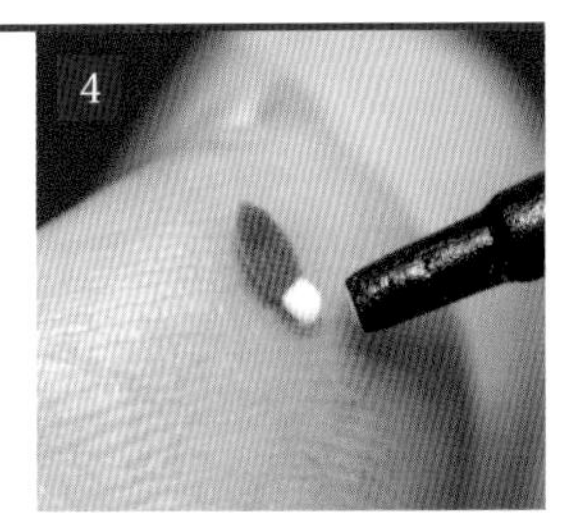

4 在花瓣的下端涂上黏着剂。

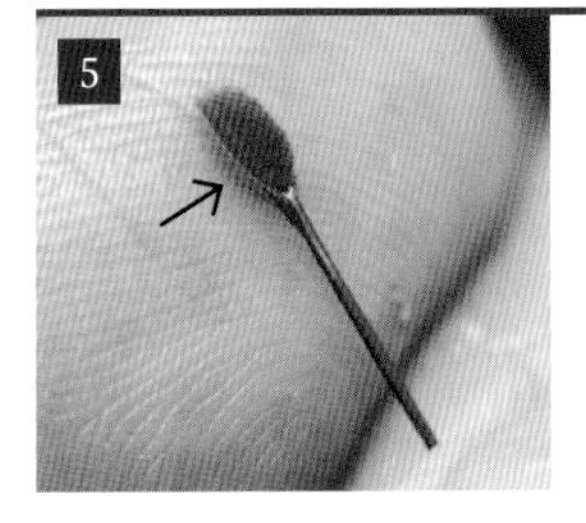

5 将花瓣粘在花茎的顶端，用手指按压、固定。

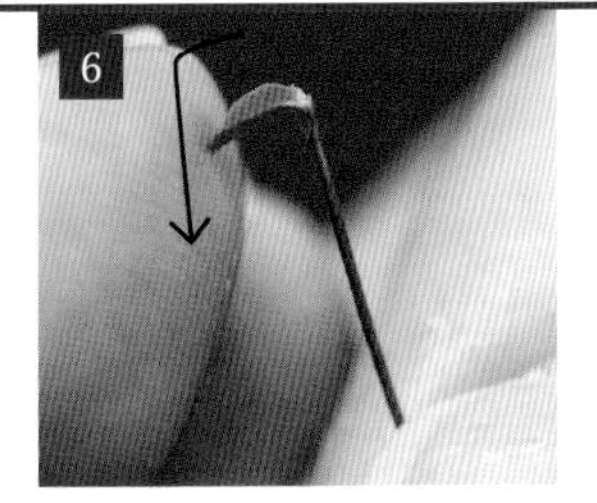

6 待黏着剂变干后，将花瓣往外侧反向弯曲。

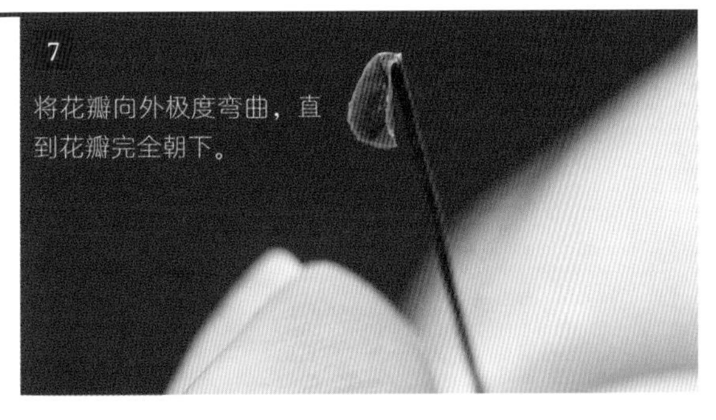

7 将花瓣向外极度弯曲，直到花瓣完全朝下。

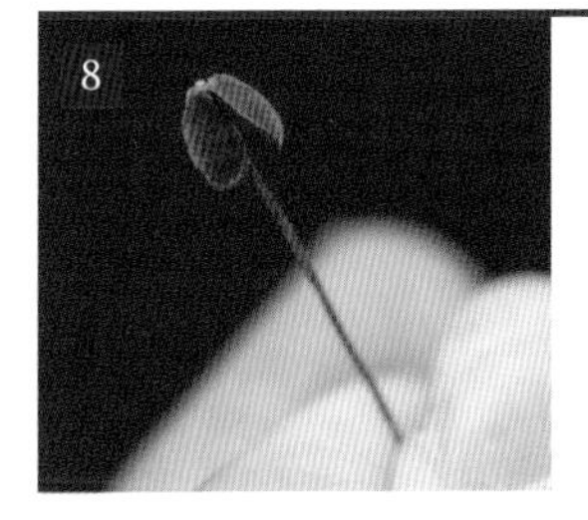

8 将第二片花瓣粘在第一片花瓣的旁边，待黏着剂变干，用同样的方法弯曲第二片花瓣的朝向。

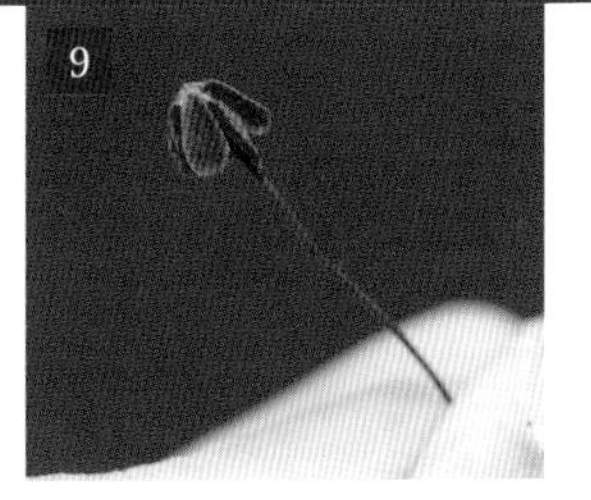

9 5片花瓣按照以上方法进行粘合，都反向弯曲的样子。

10 用镊子夹住花下的花茎，如图使其向前弯曲。花朵形状完成。同样的花，再制作7枝。

制作花苞

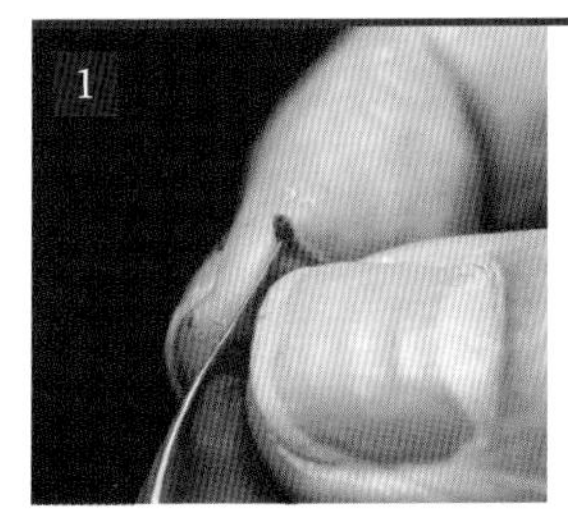

1 准备约1毫米的树脂黏土，搓圆。

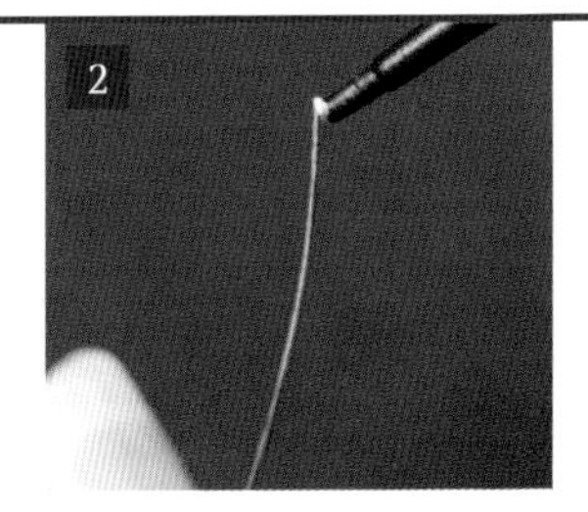

2 在花茎前端涂上黏着剂。

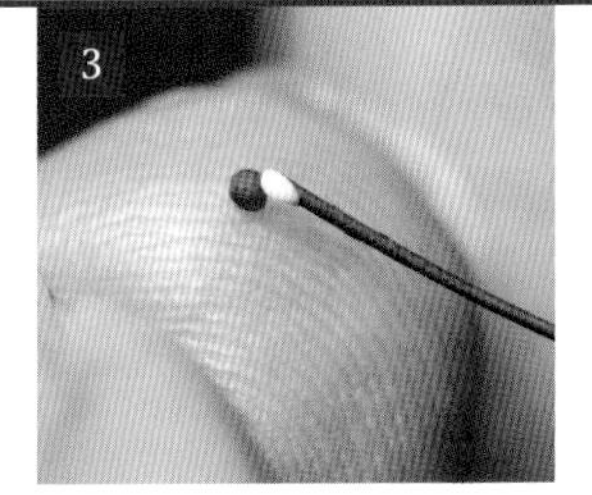

3 将1的小圆粒与2的花茎前端进行粘合。

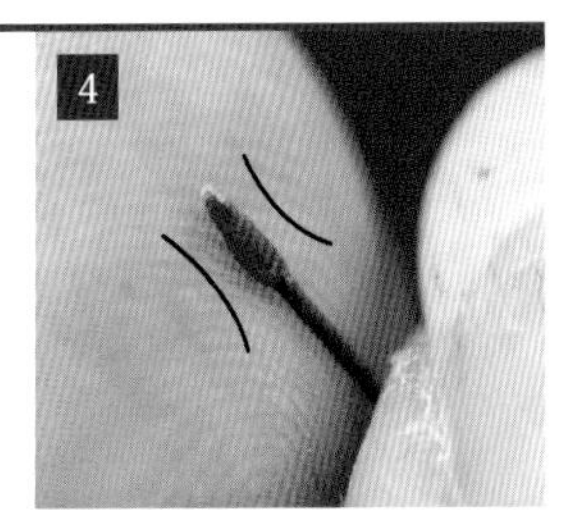

4 指腹来回按压使其最终缠在茎端，顶端需形成尖状。

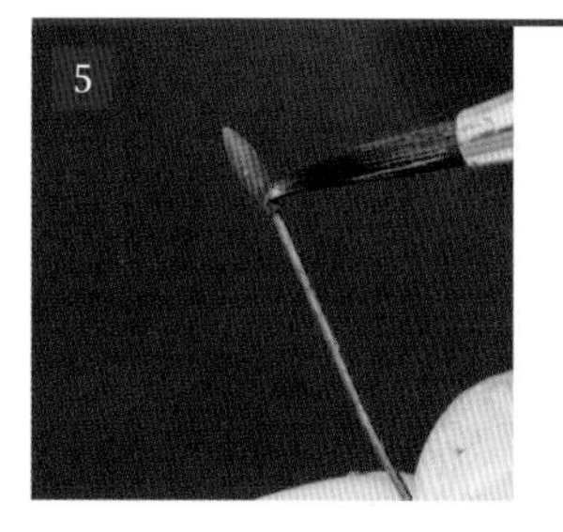

用笔将[4]花苞的根部涂成茶褐色，当作花萼。

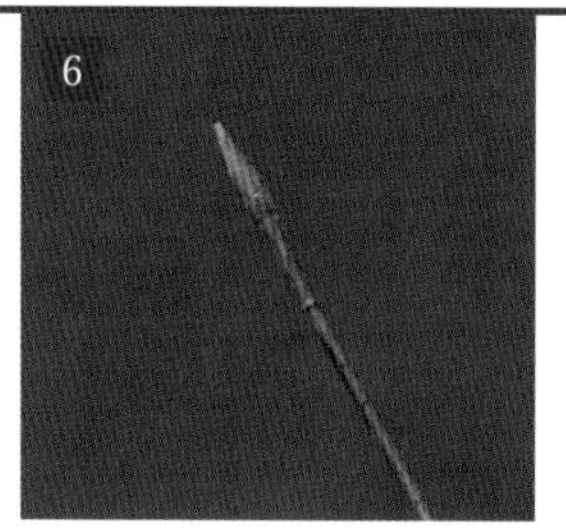

上色之后的样子。

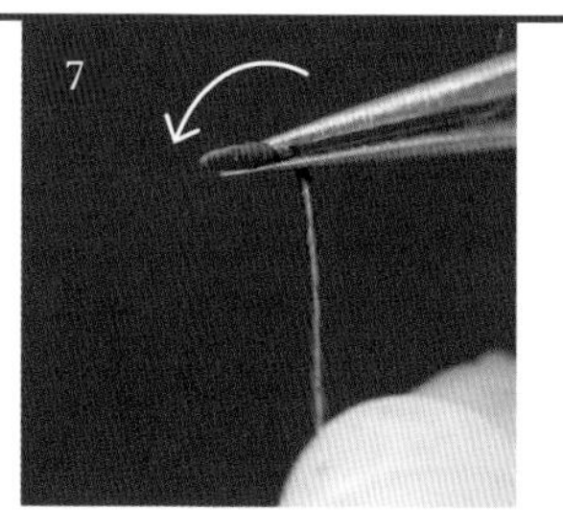

用镊子夹住花下的花茎，用力朝下，使其弯曲。

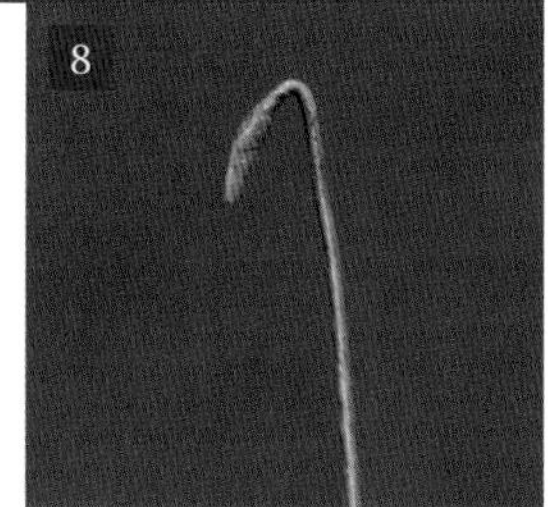

花苞完成。同样的花苞再制作枝。

制作叶片

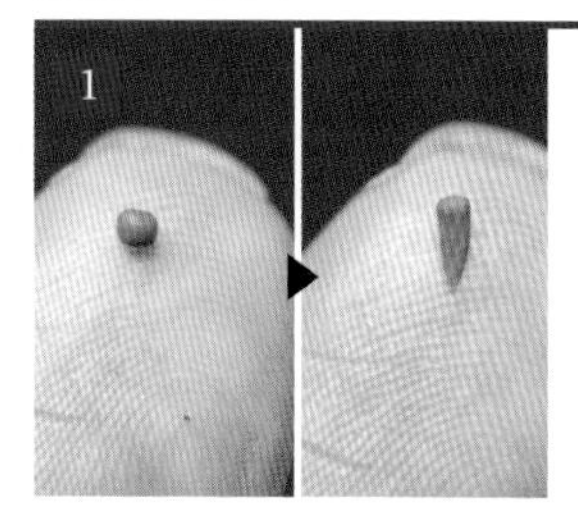

准备深绿色黏土，搓出一个约2.5毫米的小圆粒。用指腹搓成水滴状。

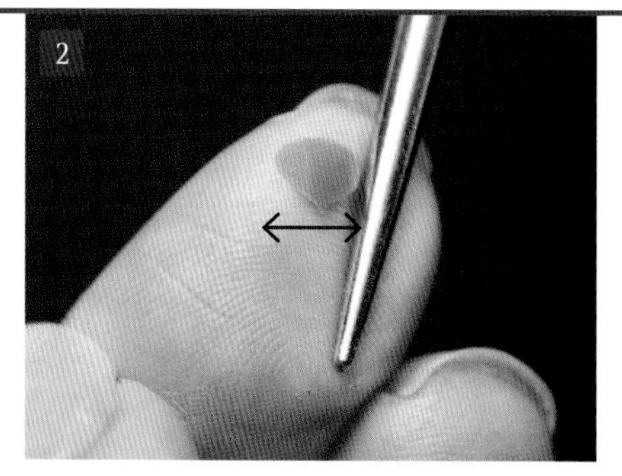

用黏土专用棒按压使其变薄。

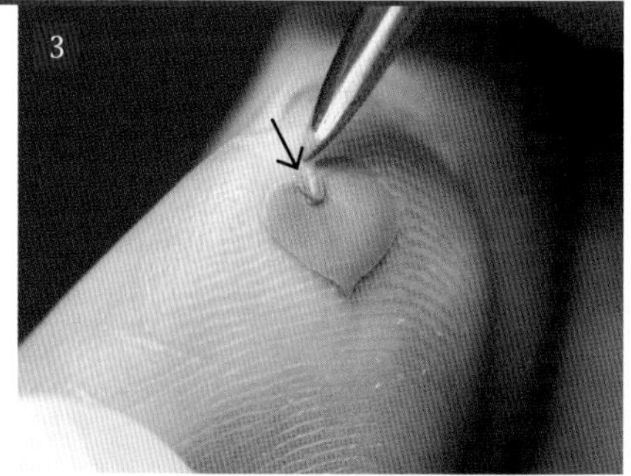

利用黏土专用棒的抹刀部分，在叶片的尾部以朝内的方向做出凹口，制成心形叶片。

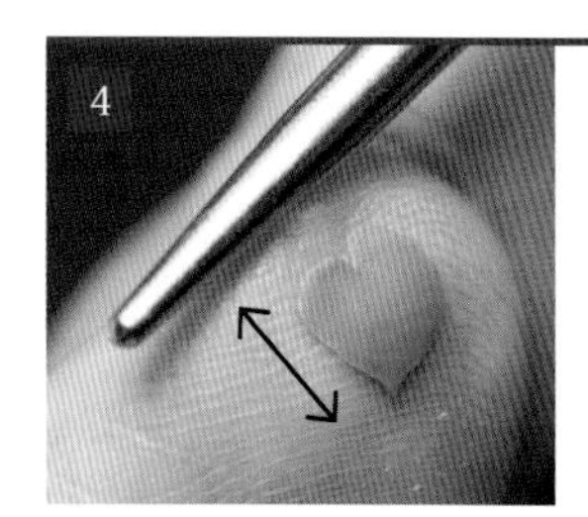

将叶片翻面，再用黏土专用棒按压。

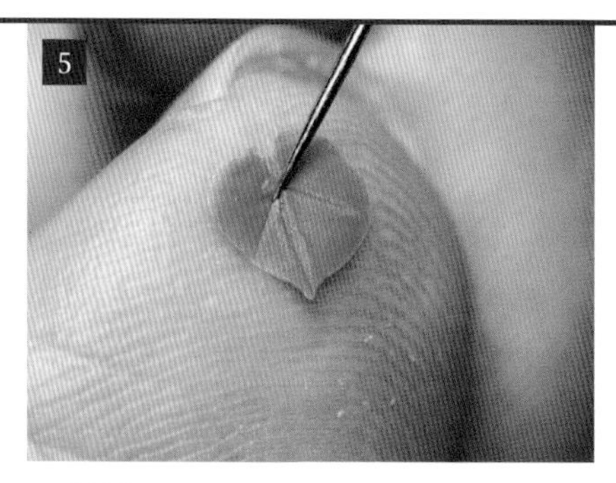

用珠针在叶面刻上放射状纹路，刻出叶脉。

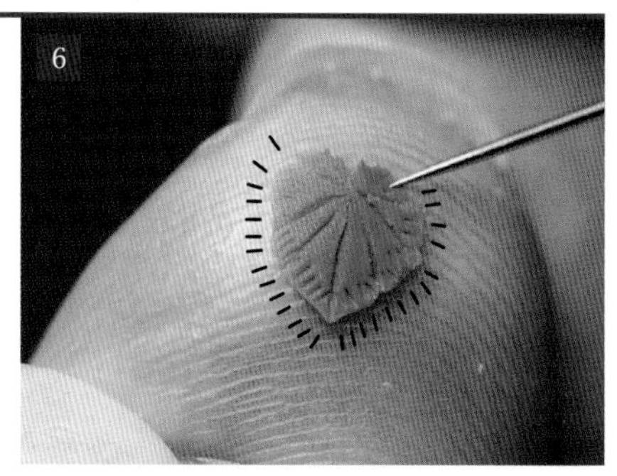

用珠针在叶片外侧刻上细细的叶纹。

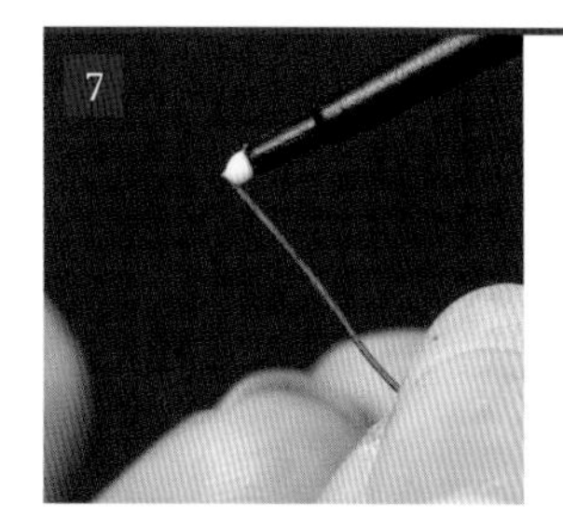

将花茎一分为二，作为叶柄。在叶柄的顶端，涂上黏着剂。

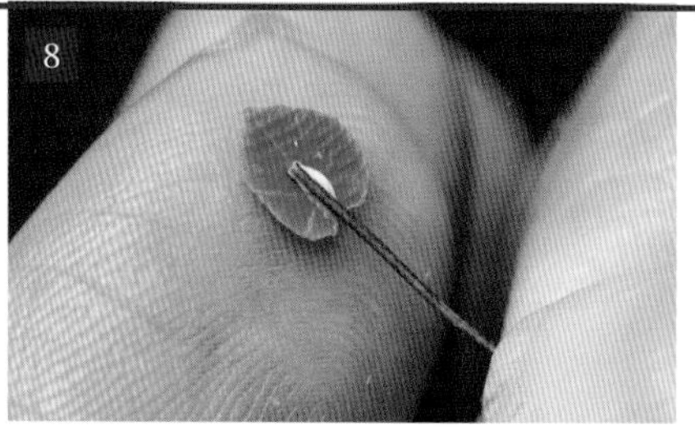

将叶柄顶端粘合于叶片的背面，用手指按压叶片的正面，使其固定。

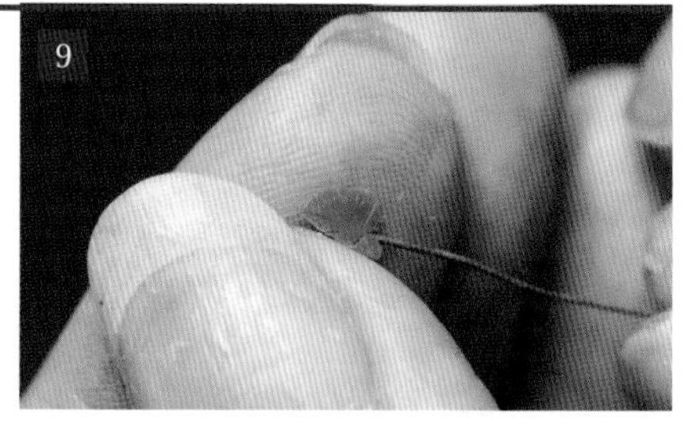

用手指对叶片左右两侧朝内轻压，使叶片整体朝内变圆一些。

笔蘸白色颜料，涂于叶片表面。叶脉的纹路需要涂白。

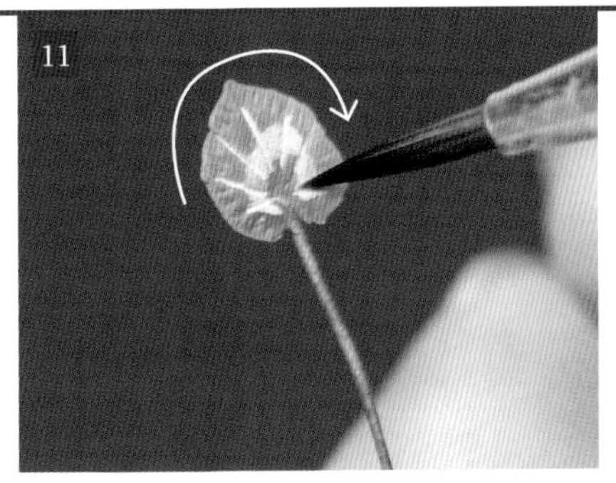

用白色颜料在叶片中央画圆。

颜料变干后的样子。这样的叶片需制作12枚。

组合

将黏着剂涂抹在带花朵的花茎下端。

将花带和花苞的花茎成束粘接固定。

3

先将黏着剂涂在叶柄的内侧。

将叶片粘在花束上。

花束四周全都粘上叶片，用镊子将叶柄水平弯曲。仙客来就完成了。

圣诞玫瑰的制作方法

准备材料

树脂黏土、水彩颜料（黄绿色、绿色、紫色、深绿色、白色、茶褐色）、0.16毫米铜线、珠针、描图笔、黏着剂、黏土专用剪刀、黏土专用棒、镊子、自封袋。

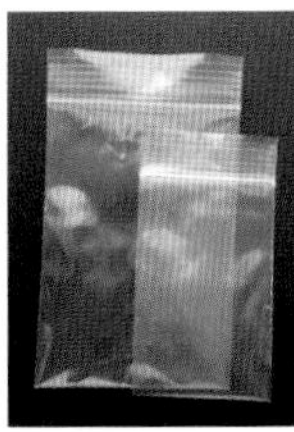

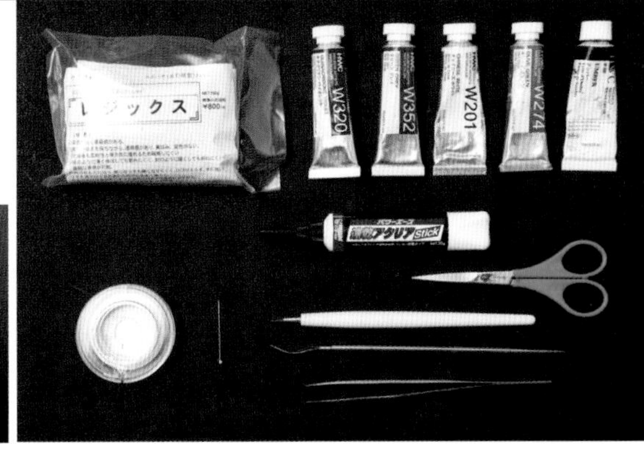

准备黏土

树脂黏土变干后会呈透明色，因此一定要混入少量白色颜料，再根据用途加入其他颜料调色。

→

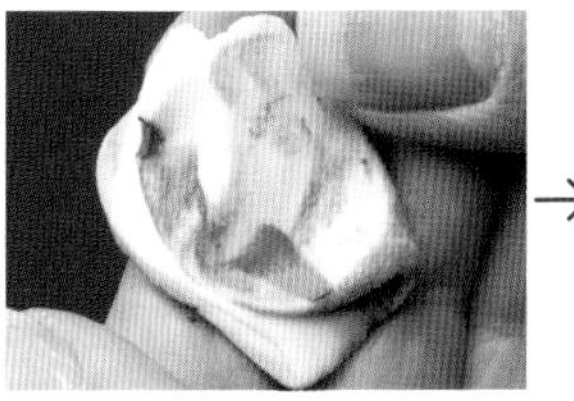

一点一点加入水彩颜料，在黏土变干前快速地揉搓、上色。

→

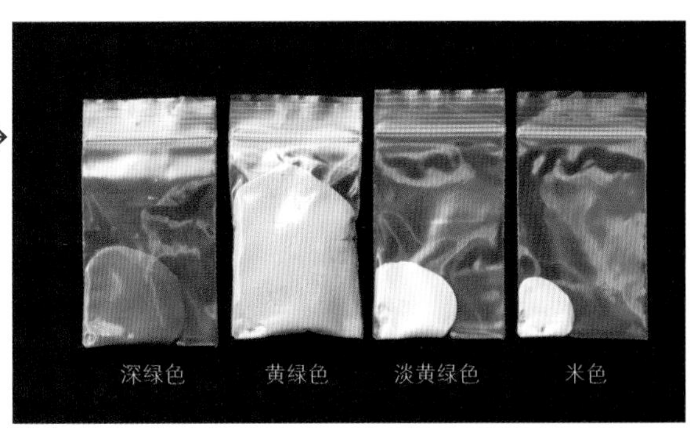

将黏土按颜色进行分类，装入不同的自封袋里。

制作花茎

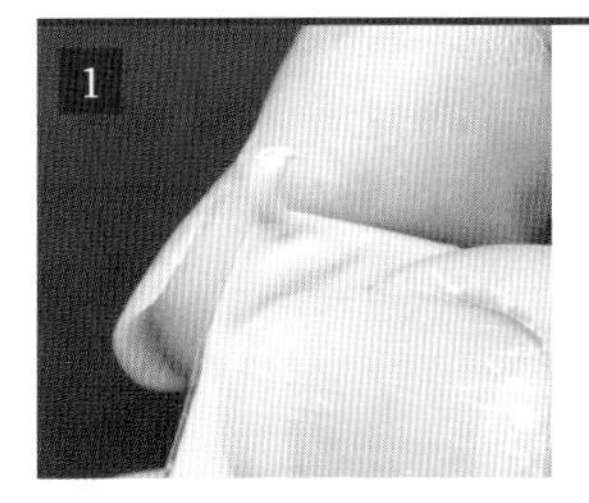

排空自封袋的空气，剪出一个约1毫米的口子。按压自封袋，挤出一个芝麻大小的黄绿色黏土，搓成圆粒。

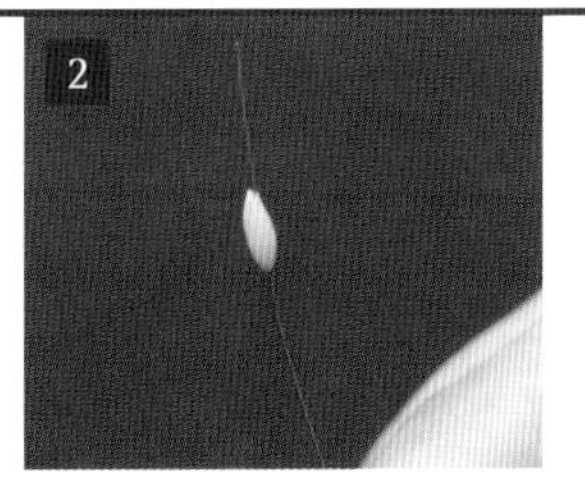

剪下长约5厘米的铜线，将1的黏土均匀地包裹在铜线的上侧，制成厚度均匀的米粒状。

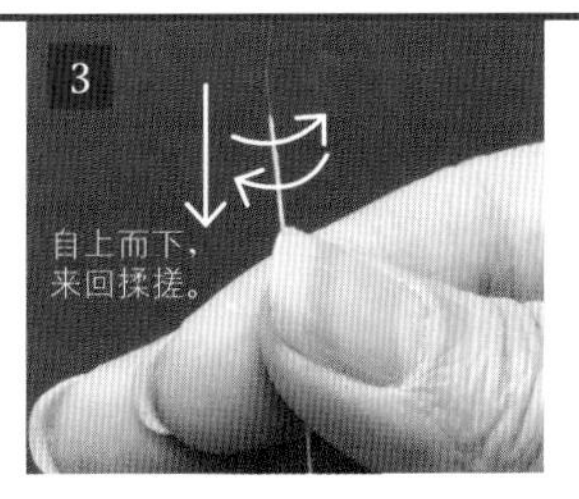

黏土变干前将其迅速地自上而下薄薄地推开，用指腹来回按压使其最终缠在铜线上。

花茎制作完毕。需制作11枝同样的花茎。提前插在纳米海绵上。

制作花蕊

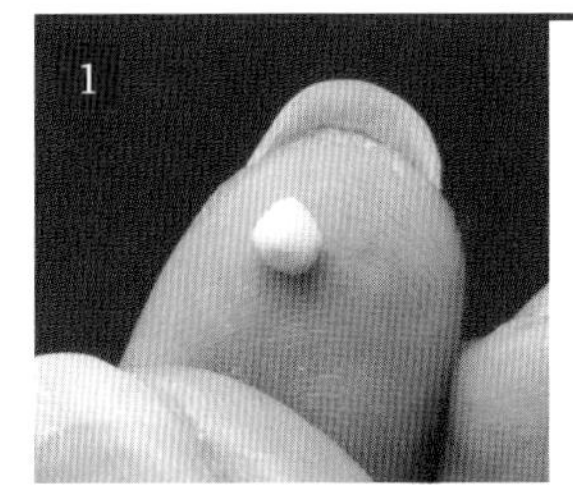

准备一个米粒大小的淡黄绿色黏土，搓成圆粒。

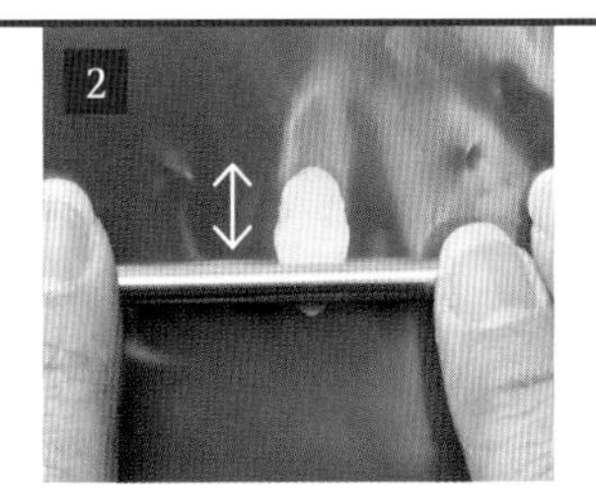

放在自封袋上，用黏土专用棒擀薄，使其变成长条形薄片。数分钟之后，黏土变干。

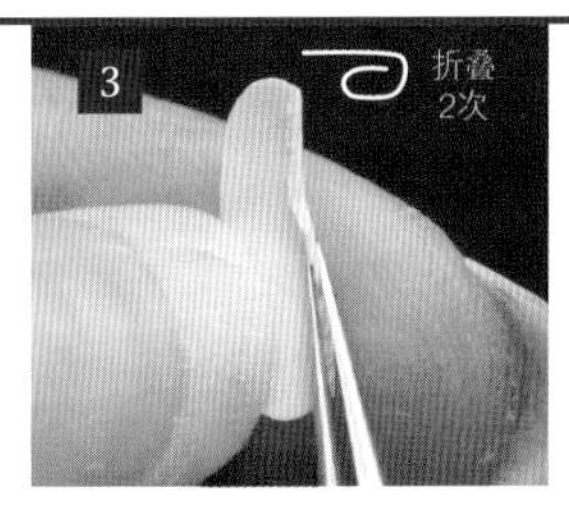

用镊子夹住薄片的边缘，朝内折叠2次，折叠宽度约1毫米。

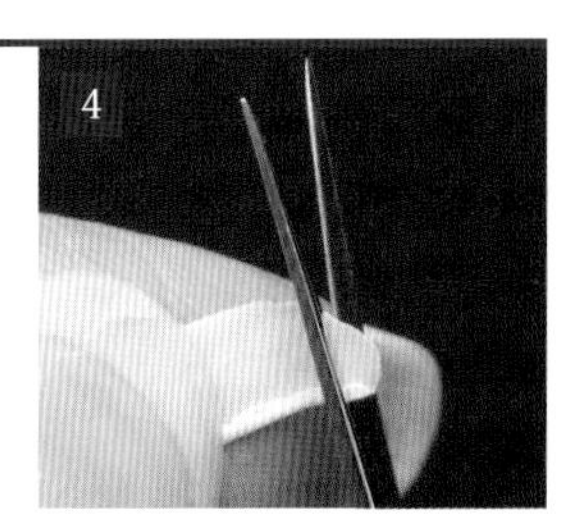

用剪刀剪下3的一端约2毫米，切齐边缘。

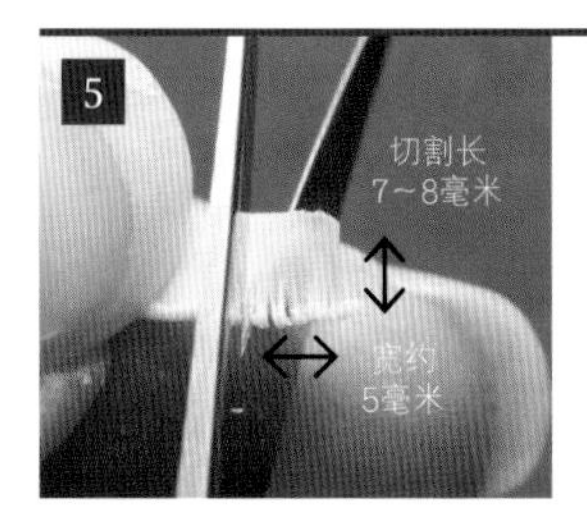

从折叠2次的位置开始剪出长7～8毫米、宽约5毫米的流苏长条（不剪断）。

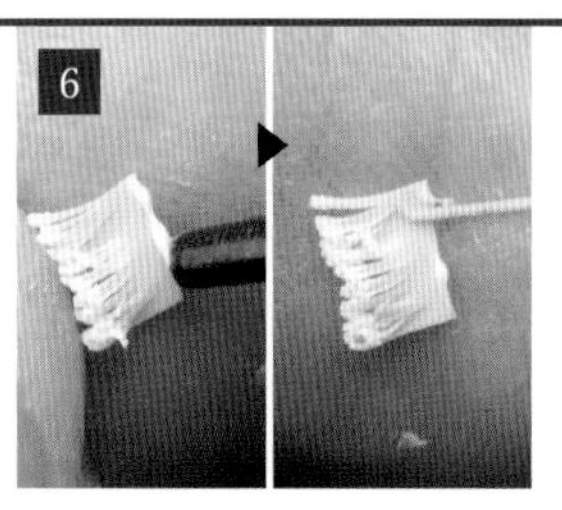

在流苏长条没有切口的细长边缘涂上黏着剂。将花茎粘在其末端，用镊子一边固定一边内卷。

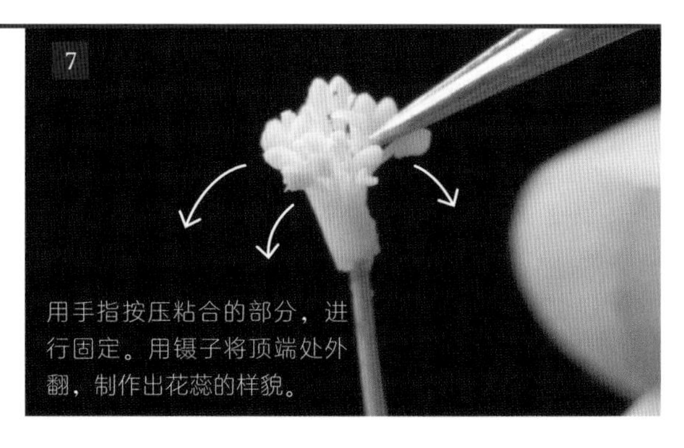

用手指按压粘合的部分，进行固定。用镊子将顶端处外翻，制作出花蕊的样貌。

与花瓣进行组合

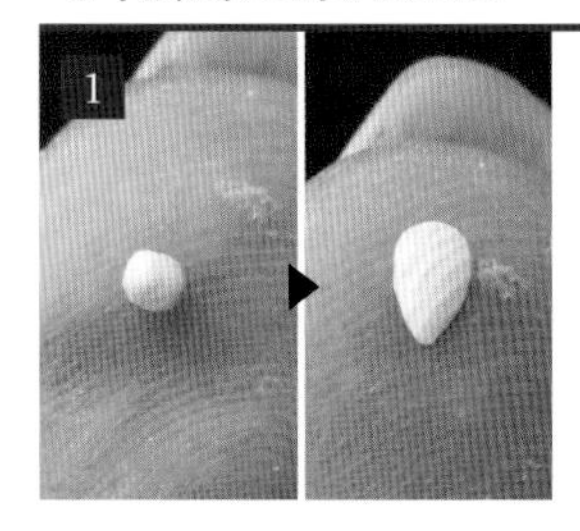

准备直径2毫米的米色黏土。用指腹快速搓圆。用大拇指和食指将其搓成水滴状。

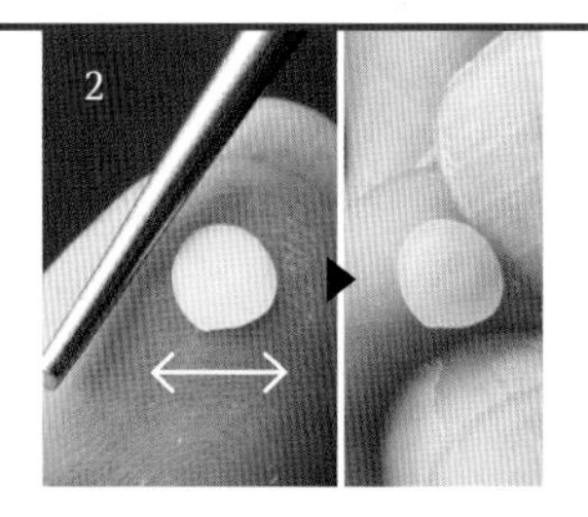

轻轻按压，置于指腹，用黏土专用棒再次按压使其厚度均匀，形成小薄片。用指甲轻轻刮起小薄片。注意不要弄破。

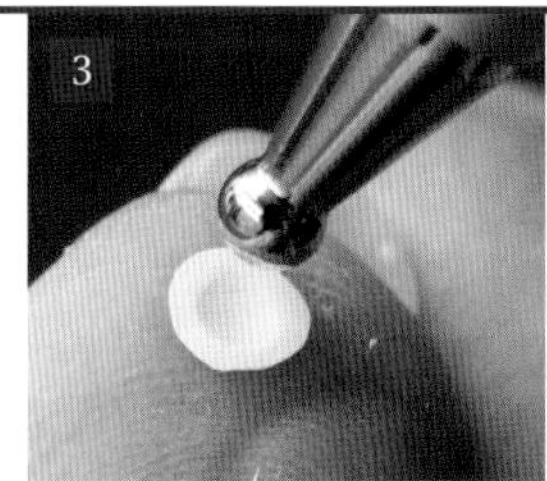

用描图笔的圆头轻轻按压花瓣中央，形成立体花瓣造型。需制作5片花瓣。

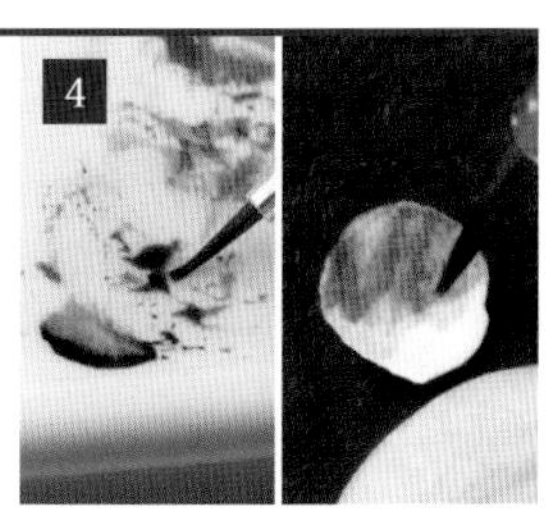

加水使紫色颜料稀释。用笔蘸色，颜色过浓的话，后期无法调整，请将颜色调淡。将花瓣涂紫，表面的颜料变干后再涂内侧。

在[4]的花瓣底端涂上黏着剂。

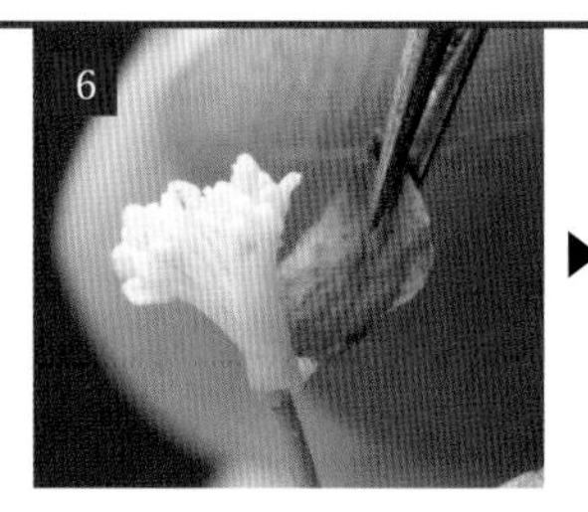

用花瓣依次与花蕊粘合。需粘上5片花瓣。

制作叶片

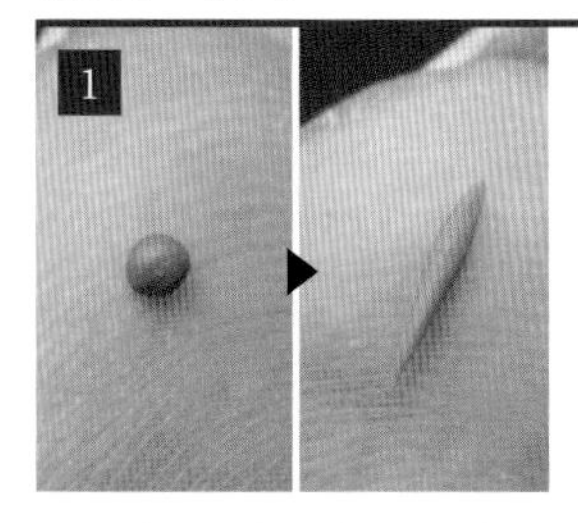

准备直径1毫米的深绿色黏土，用手指搓圆。再用指腹搓成细长条形。

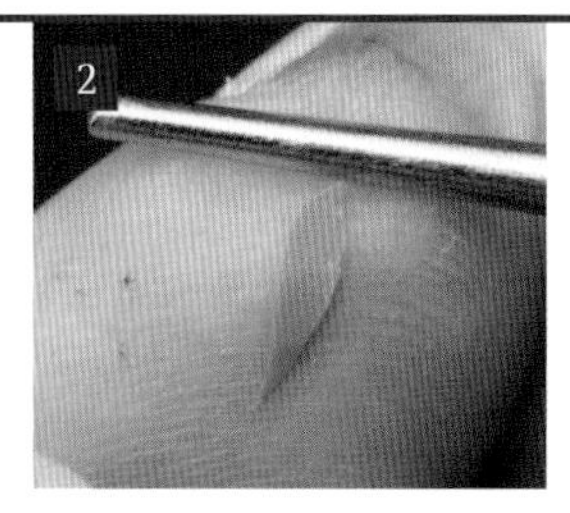

用黏土专用棒压平，得到长条薄片。

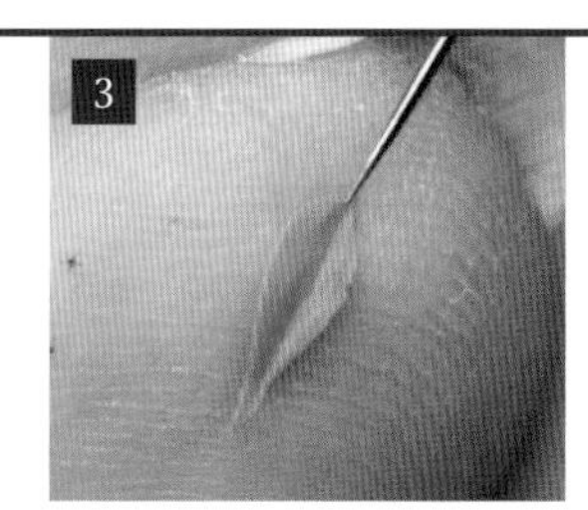

用珠针针尖在薄片上勾画出纹路。叶片就做好了。需制作3枚叶片。

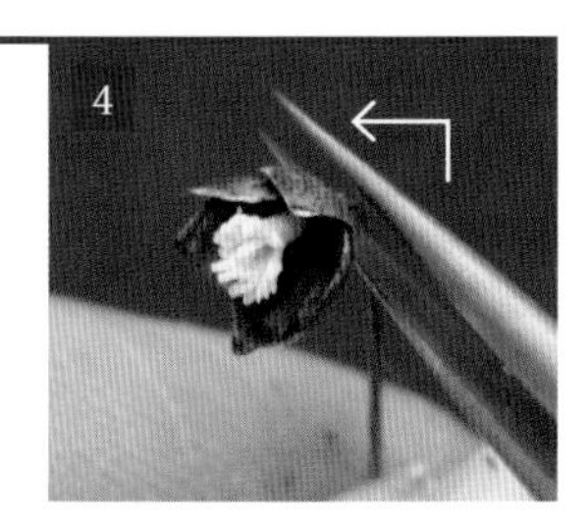

用镊子夹住花朵下方5毫米处的花茎，用力使花朵横向弯折。

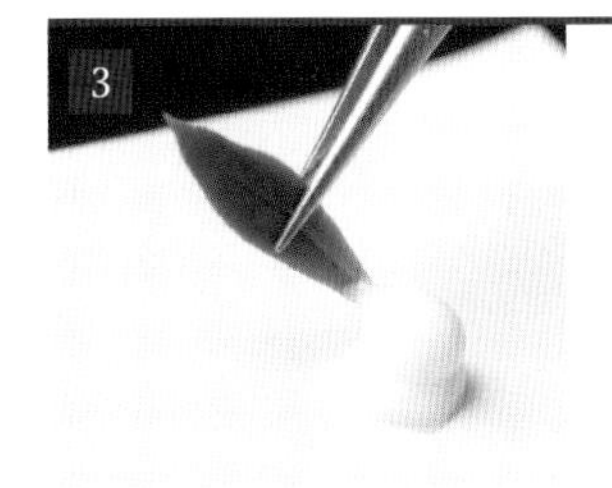

在叶片的底端涂上黏着剂。

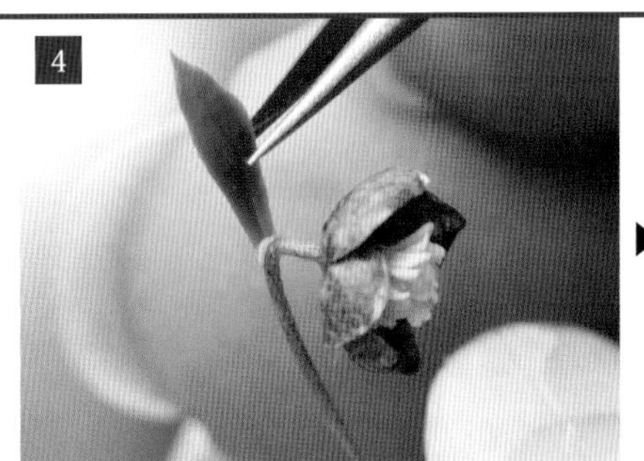

在[4]的弯折花茎上花朵的侧后方粘上[5]的叶片。粘完3枚叶片后整个流程就完成了。

制作带叶片的叶柄

参照100页[1]~[3]，制作7枚叶片。在叶尖涂抹黏着剂。

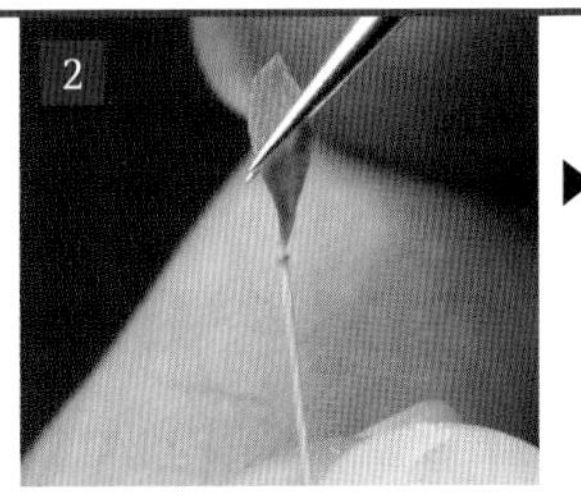

将叶片粘在叶柄上。7枚叶片参照图片进行粘合。

用镊子夹住叶柄，使其稍稍弯曲，定形。

用黏着剂组合花茎和叶柄，让叶柄的高度低于花茎。

制作盆土

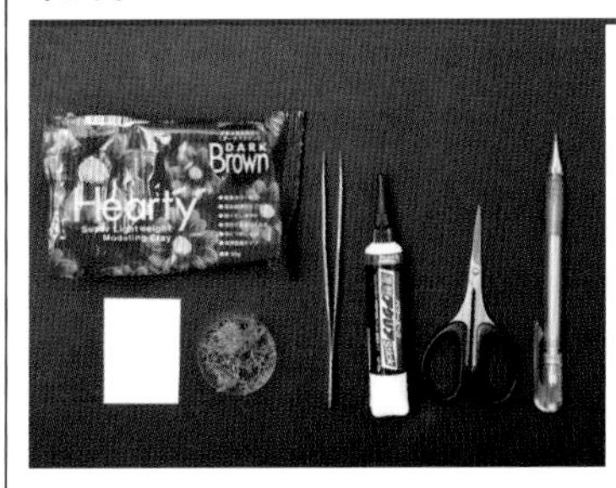

准备材料

超轻黏土、厚纸板、干燥水苔、黏着剂、镊子、手工剪刀、铅笔或者自动铅笔、水彩颜料（茶褐色）

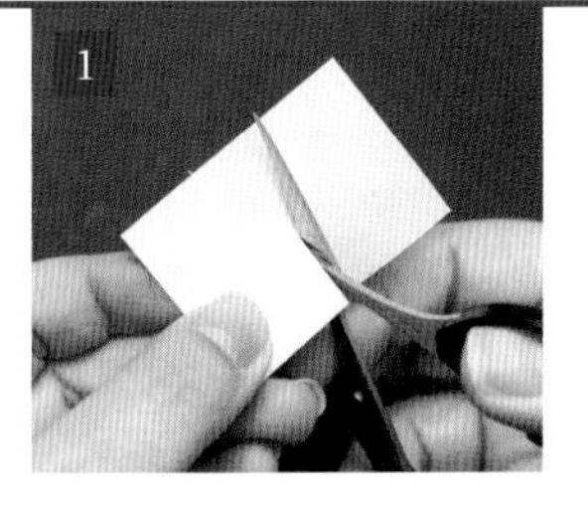

准备一张规格为5.5厘米×4厘米的厚纸板，沿长边对折剪成均等两半。

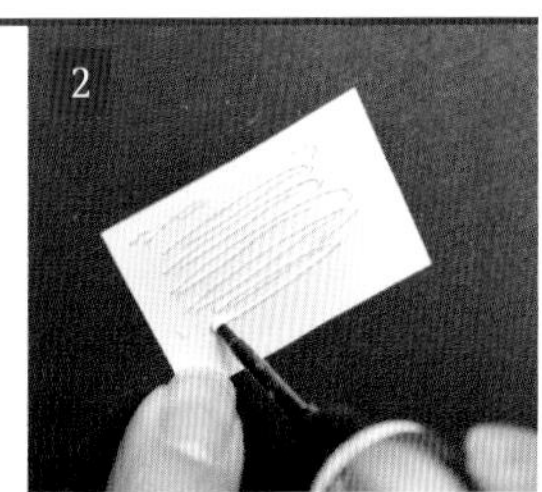

在其中一半厚纸板的表面涂满黏着剂。

紧紧粘上另一块厚纸板，从上方用力按压，紧紧固定后待干。

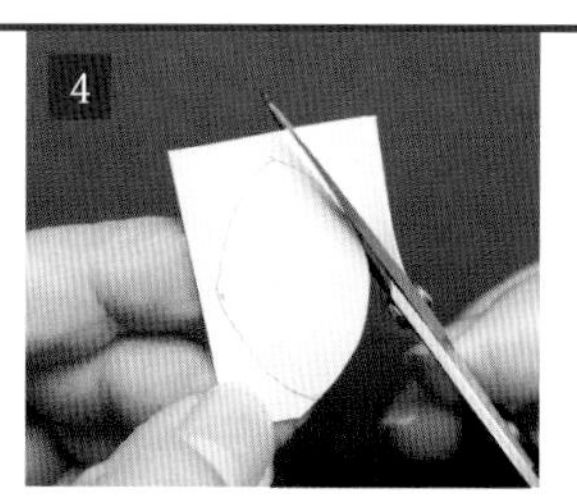

待其变干后，用自动铅笔画一个宽3.5厘米的椭圆形，用剪刀剪下这个椭圆形。

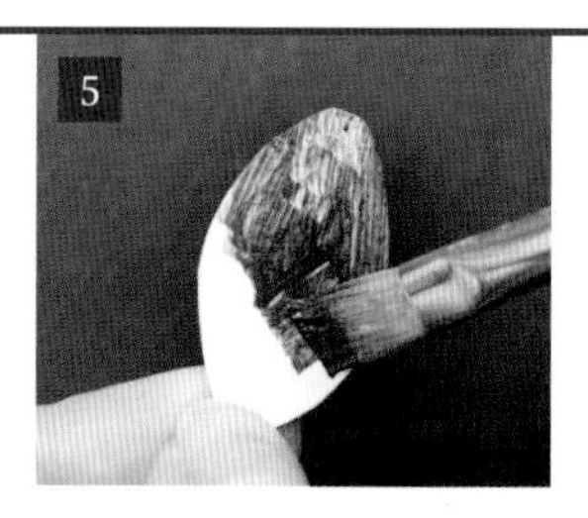

用茶褐色颜料涂满椭圆形的一面，待其变干。

表面的颜料变干后，再涂上一层黏着剂。

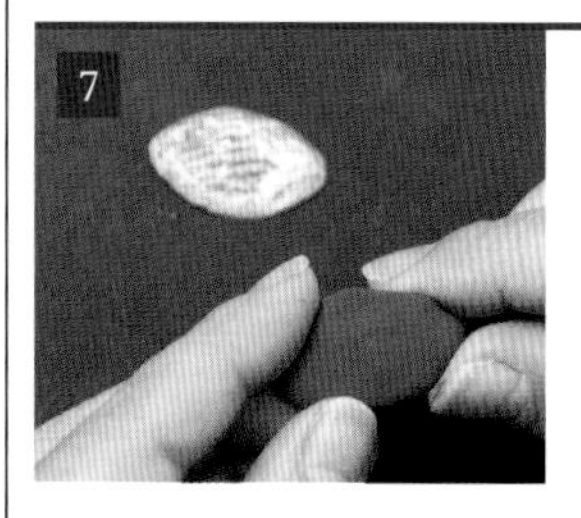

用超轻黏土捏出一个橄榄球形。

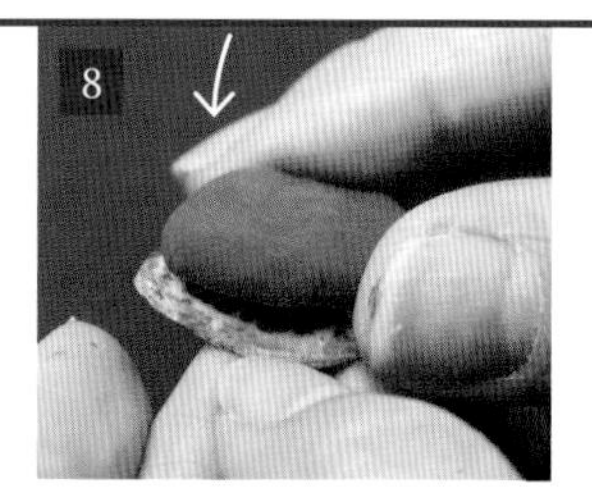

将7放在6上，按压黏土至完全覆盖住厚纸板。

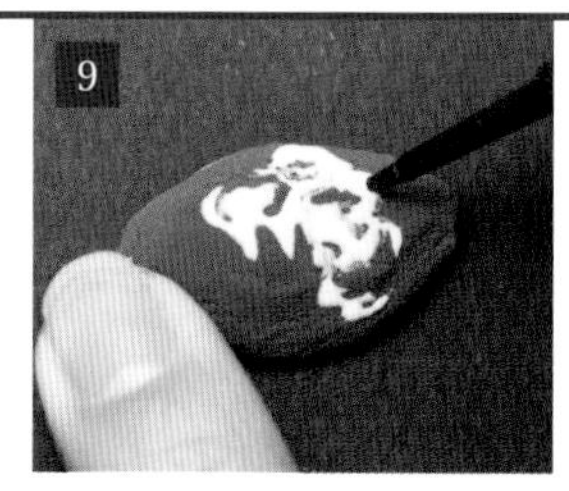

在8的表面涂上黏着剂。

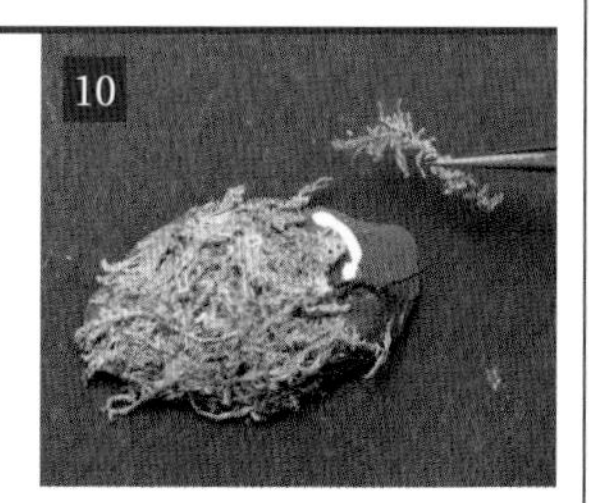

用镊子夹起剪短的干燥水苔，粘在9上不留空隙。这将作为盆土。

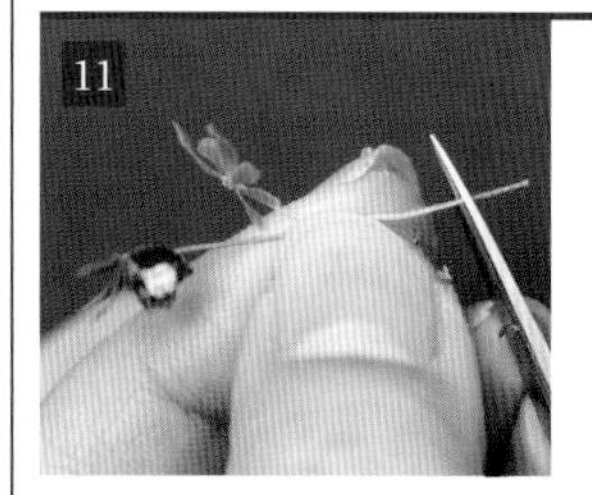

调节圣诞玫瑰花茎的长度，过长则需剪短。

在花茎的底端涂上黏着剂。

将12的花茎粘在10的盆土上。花茎需插入超轻黏土内部。

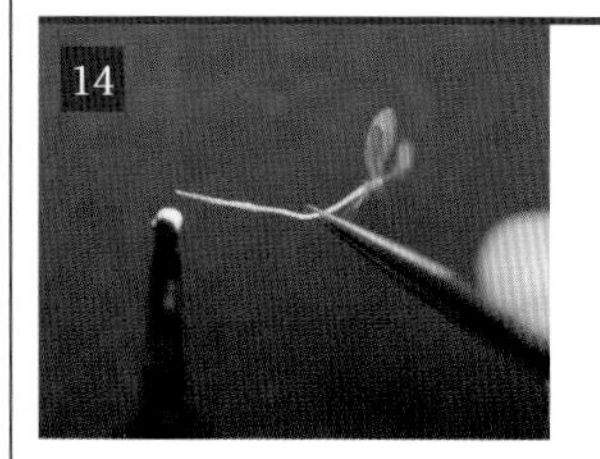

各枚叶片也按同样方法进行组合，在叶柄底端涂上黏着剂。

制作数枝有叶片的叶柄和有花朵的花茎，再将其粘接在盆土上就完成。

Column

2

小小庭院与园艺

初夏时种植矮牵牛、鼠尾草等，秋季时种植三色堇等，不同季节培育不同花期的植物，大享赏花之乐。

在制作微型花的过程中，会想着参考实物，于是就开始培育感兴趣的花卉。挑选的花卉侧重于形态小巧，花色、花形玲珑别致，令人不知不觉就会被它吸引。有人说："光看照片，无法区分其究竟是微型花作品还是实物。"

春季想看球根花卉，就要在前一年秋季将它们植于庭院和花盆里。图中的花卉是番红花Pickwick和葡萄风信子菲尼斯。

秋日庭院，大丽花、铁海棠、茵芋或万寿菊等灿烂盛开。

南面一隅，每年有水仙盛开。图中靠前的是水仙和葡萄风信子盆栽，清新宜人。

Chapter 4

微型花的玩法

完成的微型花，

可栽种在自制的小巧盆器与专用土壤中，

享受各种装饰的乐趣！

本章还将介绍材料的准备方法、照片拍摄技巧等。

花盆、土壤的做法及栽植方法

本章将介绍微型花的栽植方法，以及简单又时尚的花盆与土壤的做法。

素烧盆

这一款花盆适合各种微型花，简单易种，花盆表面还可添加仿旧处理。

准备材料

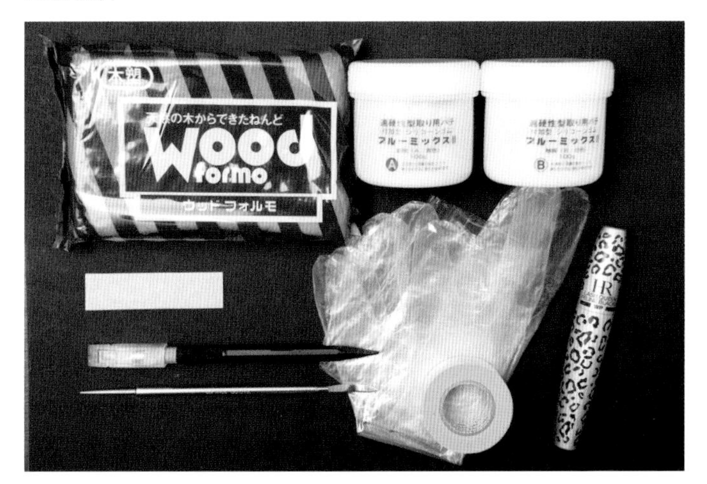

木制黏土、翻模剂、黏土专用棒、胶带、手套、砂纸600型、美工刀、翻模用原模。

适合做原模的物品

直径约1厘米且外形逐渐变粗的管状物最合适，也可用瓶子或管子、化妆品瓶或眼药水瓶、笔盖或小盒子。

与花瓣进行组合

1 确定模具，用纸胶带标记出花盆高度，取出等量的蓝白翻模剂。

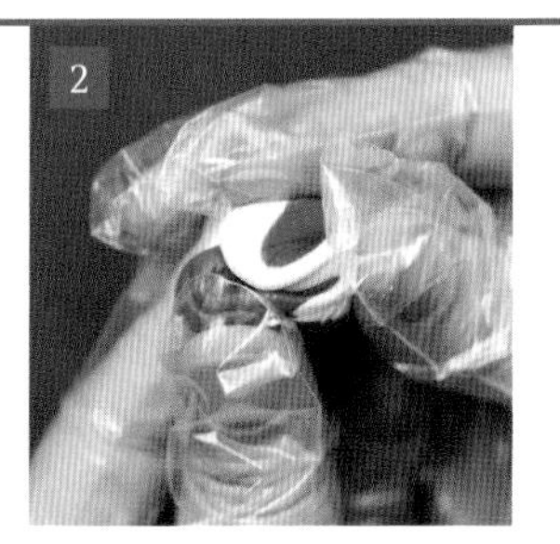

2 戴上手套，快速地混合、揉搓2种颜色的翻模剂，直至白色消失。

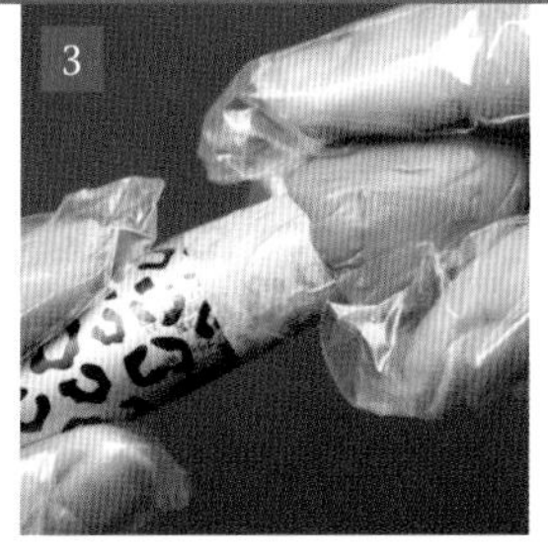

3 将[2]覆盖在原模上，覆盖至超过胶带5毫米处。注意要排出空气。

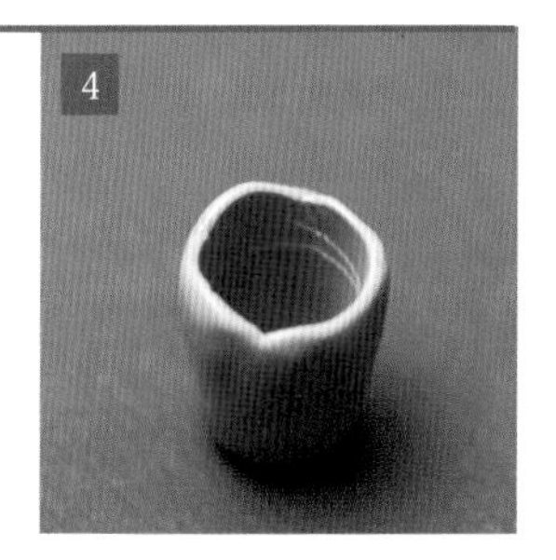

4 夏季约5分钟，翻模剂就可凝固；冬季需30分钟。凝固之后可脱模。

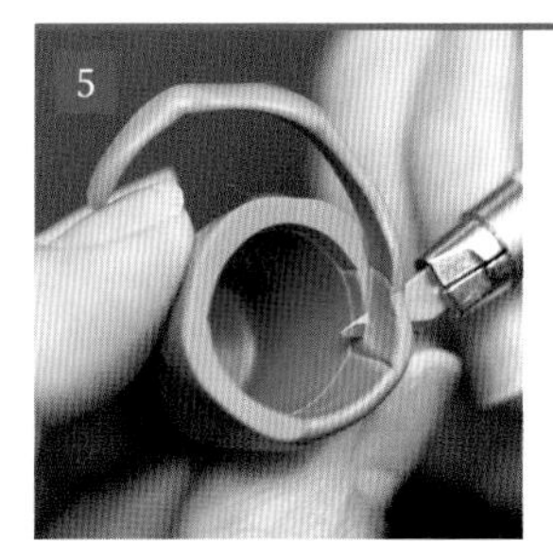

5 用美工刀沿内壁上胶带的印记将多余部分切除。

6 左侧是做好的翻模。尽量使切口平整。

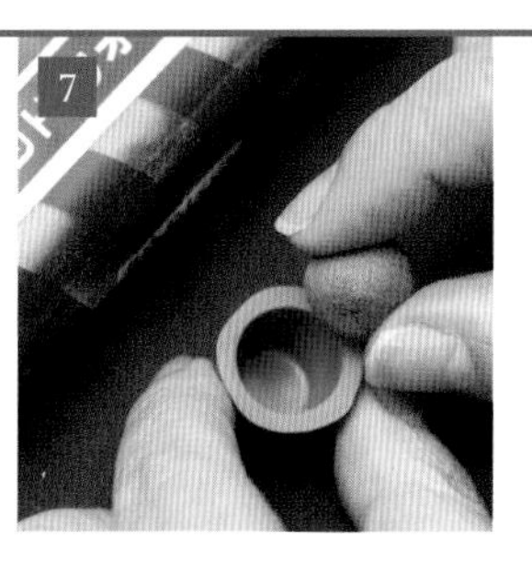

7 将木制黏土紧紧地塞进翻模里。

8 压平表面。

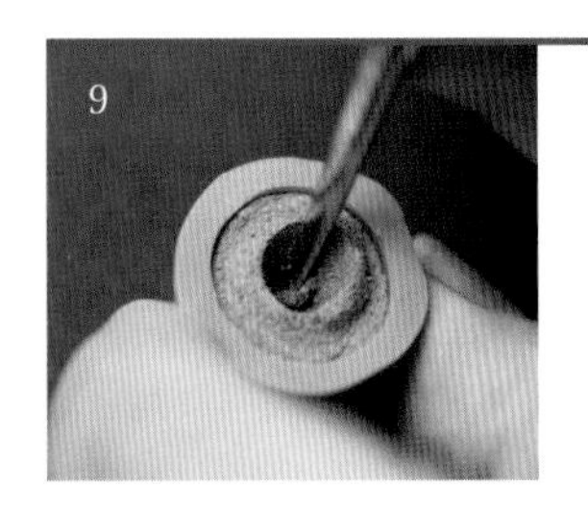

用黏土专用棒从中间往盆边一圈一圈地压密、压紧。

黏土边缘厚度需均匀。

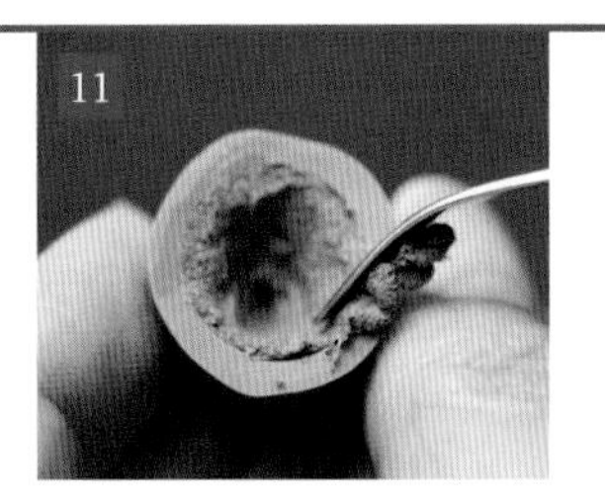

剔除多余的黏土。

抹平表面，静置24小时以上，待其凝固。

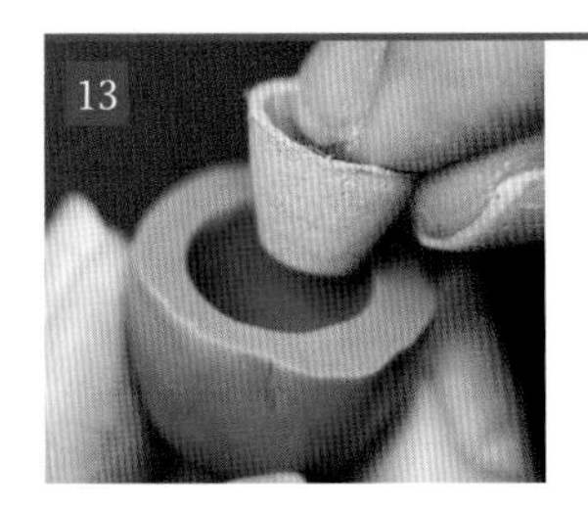

凝固后，取出黏土花盆。

用砂纸磨平盆口表面。

花盆边缘也需用砂纸打磨平整。

花盆就完成了。

制作花盆的专用纸样

连接式小锡桶

2毫米
15毫米
●本体部分 ×2
●连接部分 ×2
4毫米
●把手
13毫米

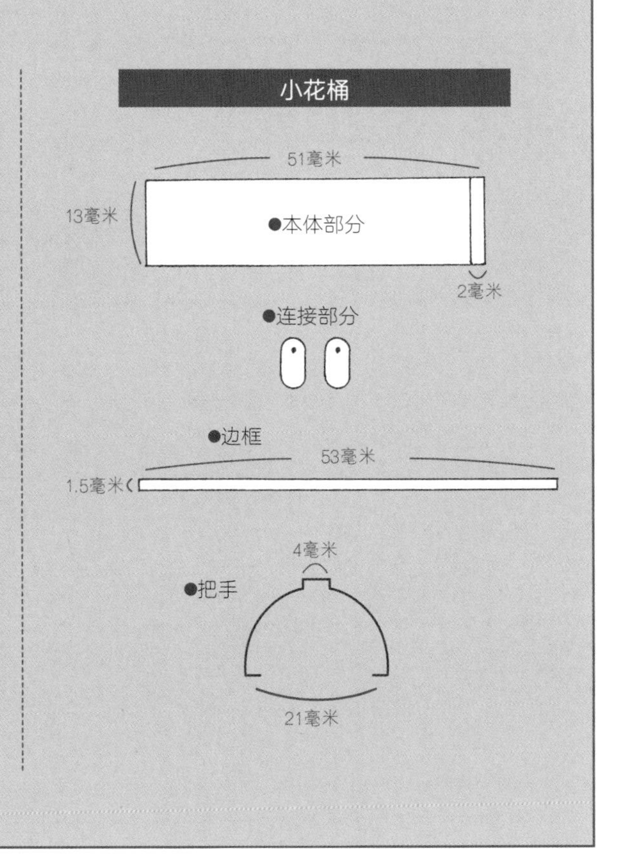

小花桶

锡制椭圆小花桶，与微型花搭配相得益彰。可使用108页的纸样。

制作4种颜色的花盆样品。根据花的种类和喜好选择花盆颜色。

准备材料

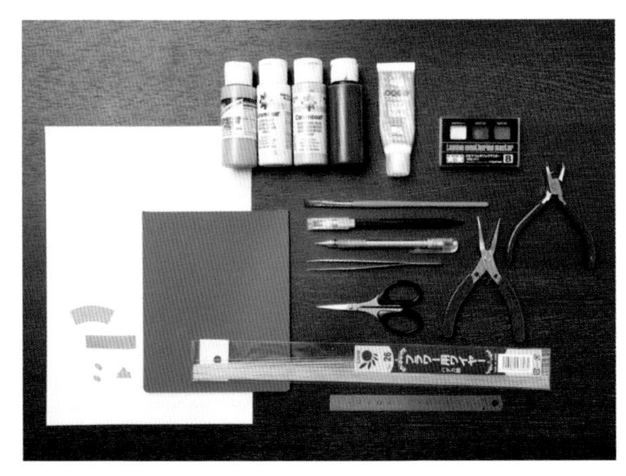

厚纸板、纸样、切割垫、颜料（黄绿色、米色、淡蓝色、黑色、自己想要的颜色）、纸用黏着剂、模型专用涂料、笔、美工刀、自动铅笔或铅笔、镊子、剪刀、26号花艺铁丝、圆规、平口扁嘴钳、剪钳、珠针。

与花瓣进行组合

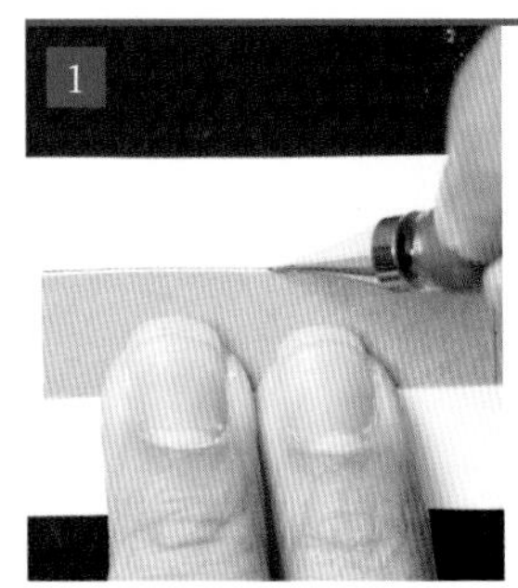

将纸样放在厚纸板上，用自动铅笔画出纸样的形状。

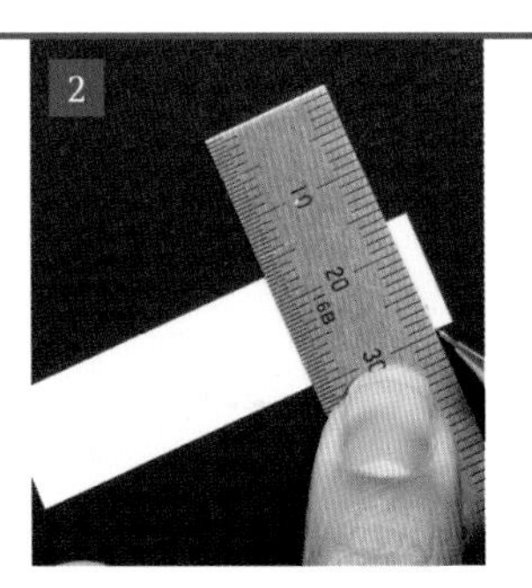

切割出来，画出粘贴线用于上胶。

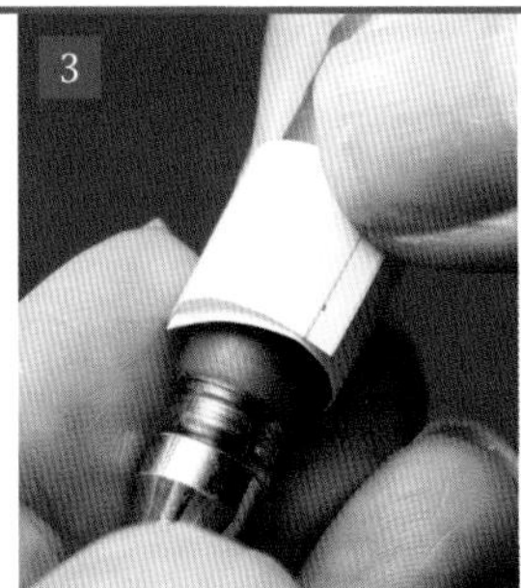

将本体部分卷绕在自动铅笔之类的圆柱状物品上，留下卷痕。

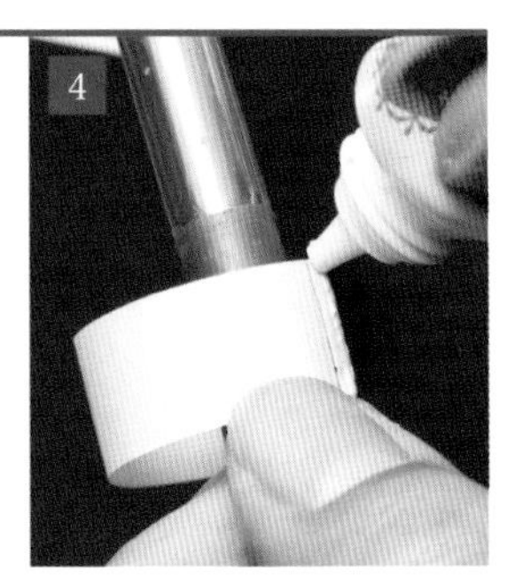

在3的粘贴线上涂纸用黏着剂。

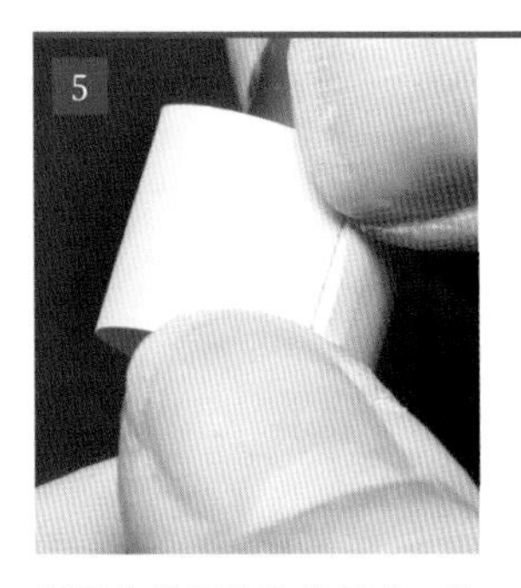

紧紧地按压粘贴线部分，使其牢固。

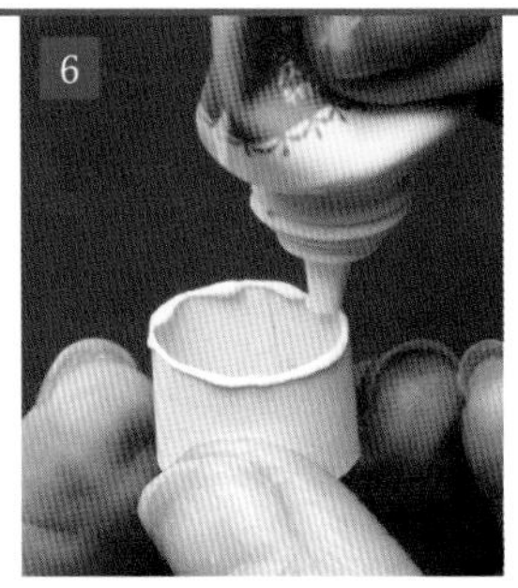

在5底部涂上一圈纸用黏着剂。

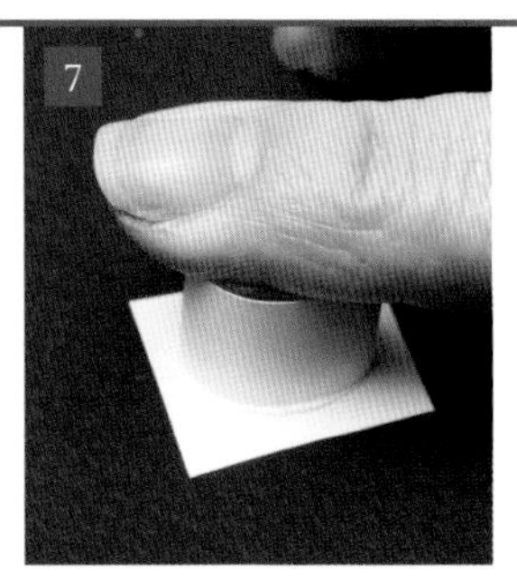

将6按压在正方形纸板上，待黏着剂凝固。

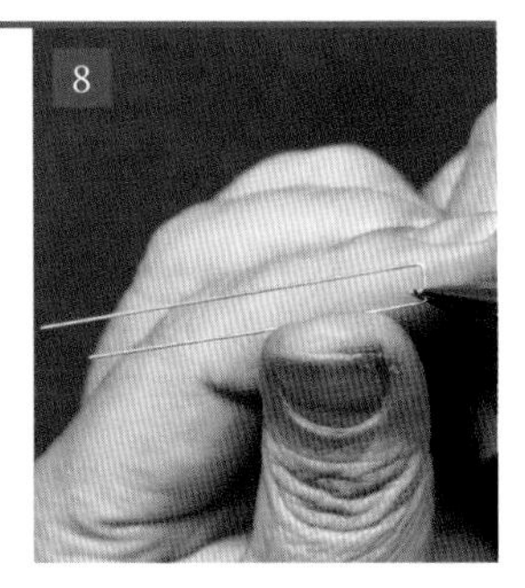

制作把手。剪下长约10厘米的花艺铁丝。

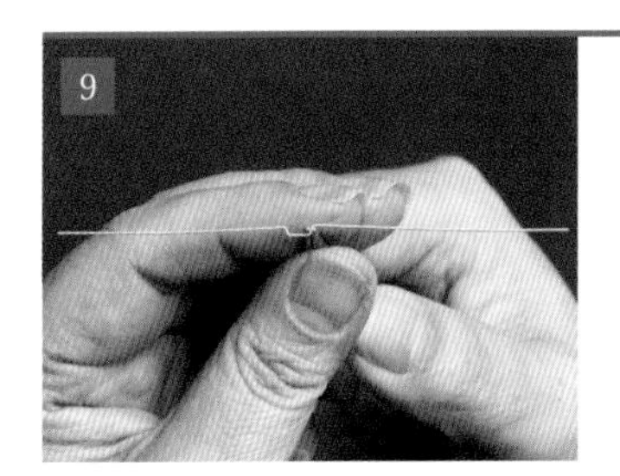

在长直的铁丝中间位置，用平口扁嘴钳弯折呈“凹”字形。

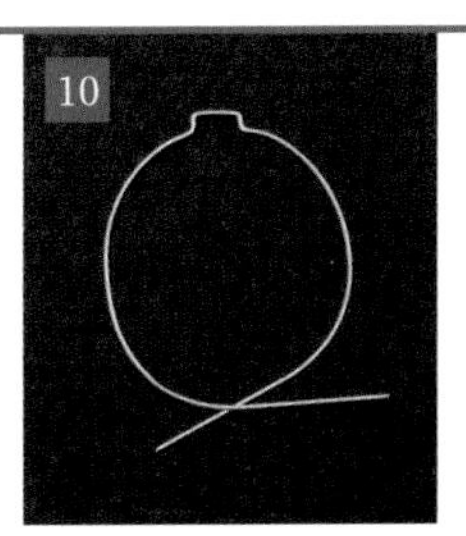

将9卷绕在圆形物品上（黏着剂瓶子是制作本体不错的物品），弯成圆形。

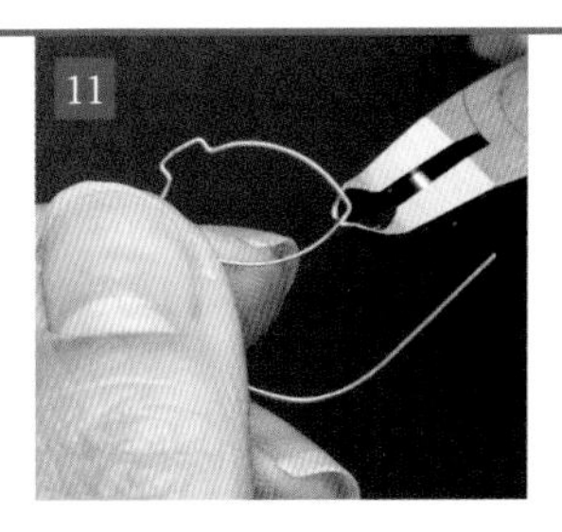

用剪钳在10的把手两侧2厘米处，剪去多余铁丝。两段需保持同样长度。

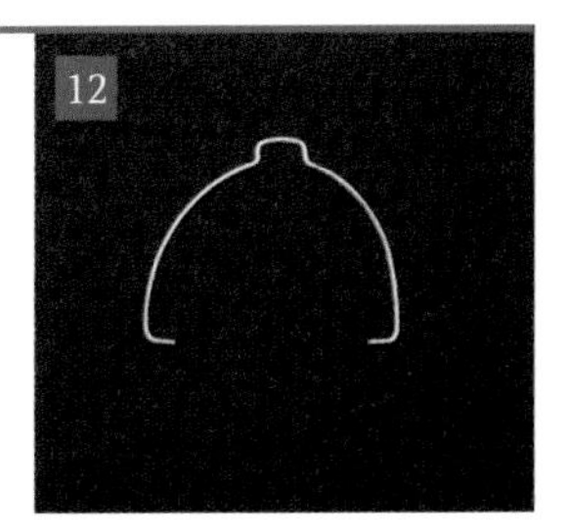

将铁丝两端往内弯曲2毫米。

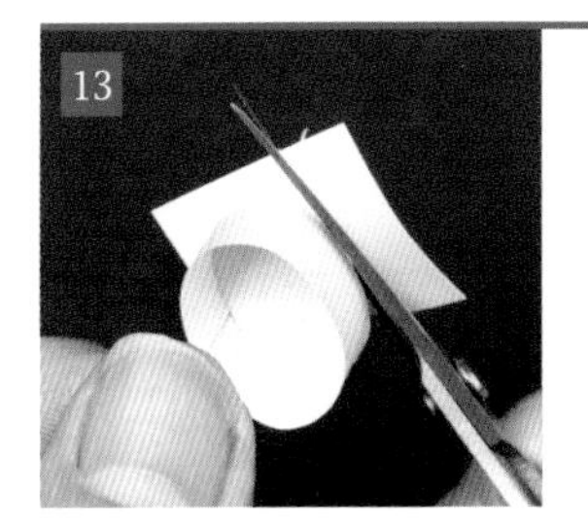

待7的黏着剂凝固后，沿底部形状修剪，剪去多余部分。

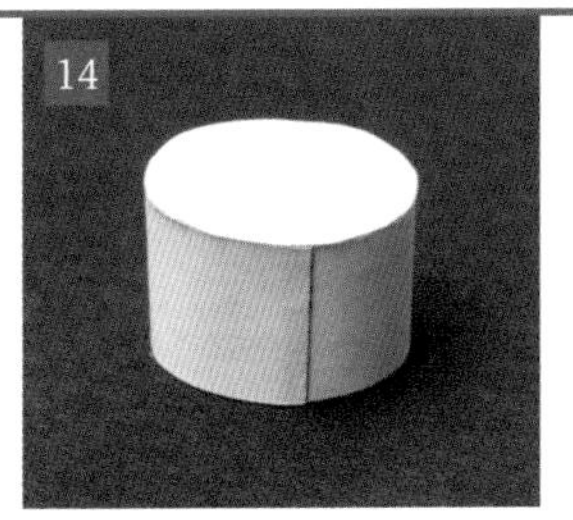

本体部分就完成了。

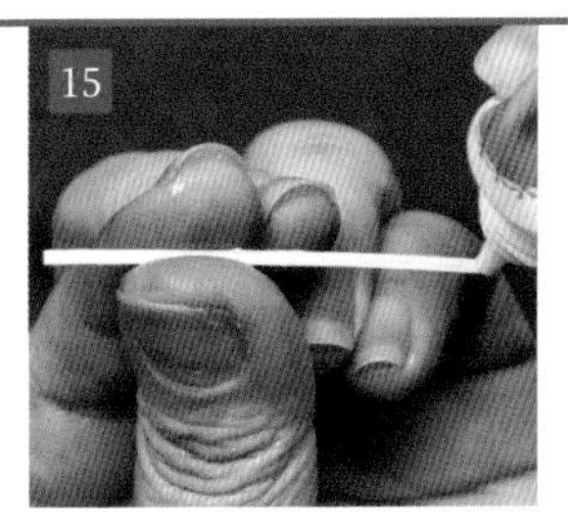

用1中的多余纸板剪一块细长条，涂上黏着剂，粘在上侧的边框处。

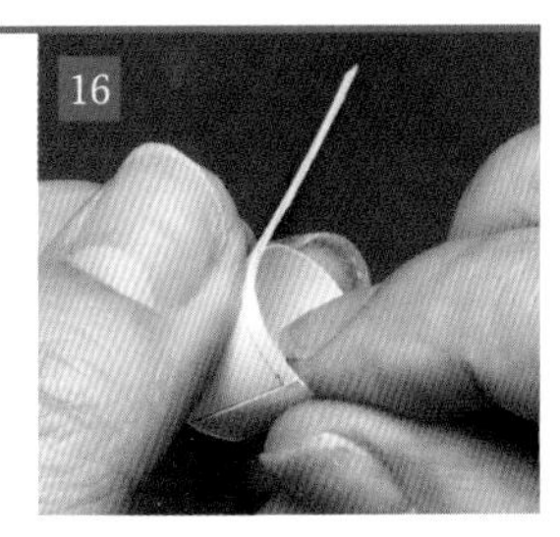

将其与本体部分进行粘合、固定。

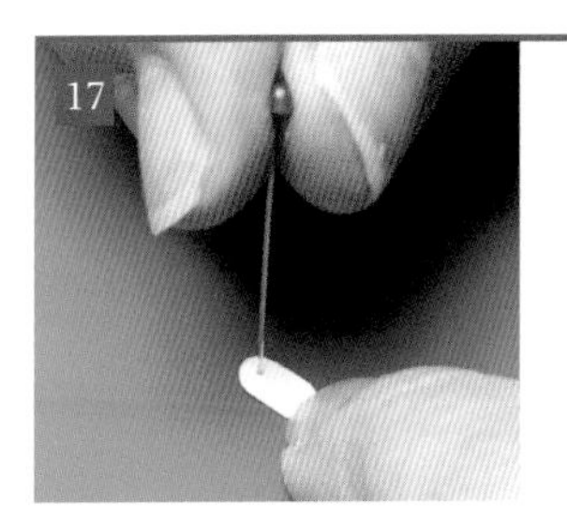

重叠2片剪下的小椭圆形纸片，用珠针开孔。

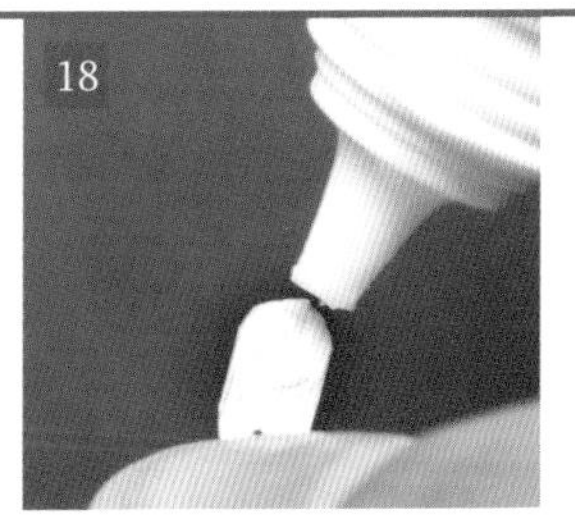

在17涂上纸用黏着剂。

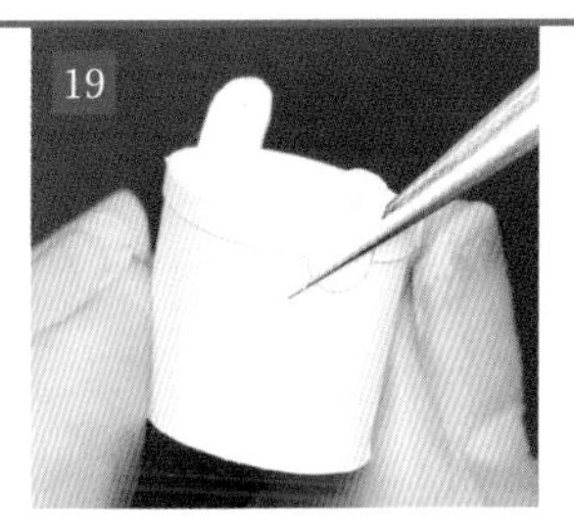

将17的椭圆形纸片与本体部分进行粘合、固定。

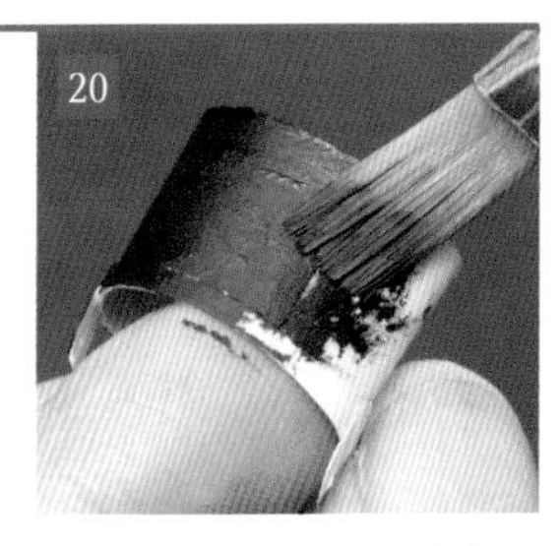

用笔给19本体部分涂上自己喜欢的颜色。

底部、内侧、连接缝，全都涂满颜色。

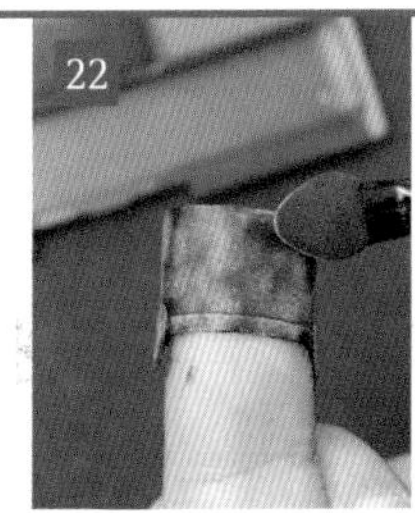

涂上模型专用涂料，制造“做旧感”。

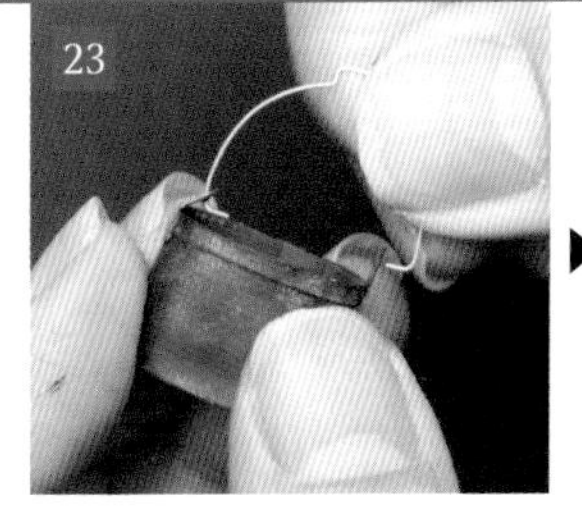

将弯曲的把手插入本体部分的小孔中。小花桶就完成了。

连接式小锡桶

用锡质材料打造时尚的连接式花盆。可使用108页的纸样。

制作3种颜色的花盆。全都适合用来装饰微型花。

准备材料

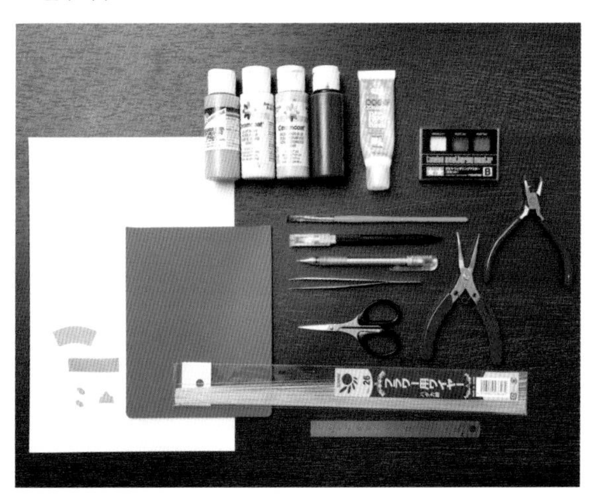

厚纸板、纸样、切割垫、颜料（黄绿色、米色、淡蓝色、黑色、自己喜欢的颜色）、纸用黏着剂、模型专用涂料、笔、美工刀、自动铅笔或铅笔、镊子、剪刀、26号花艺铁丝、圆规、平口扁嘴钳、剪钳、珠针。

将纸样放在厚纸板上，用自动铅笔画出纸样的形状。

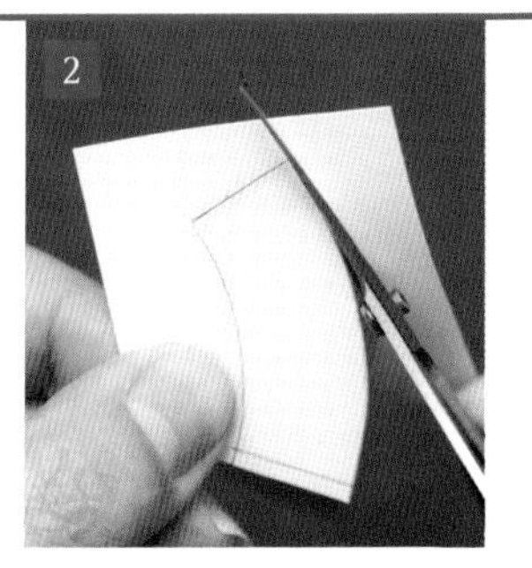

切割出来，画出粘贴线用于上胶。

剪好的部分。

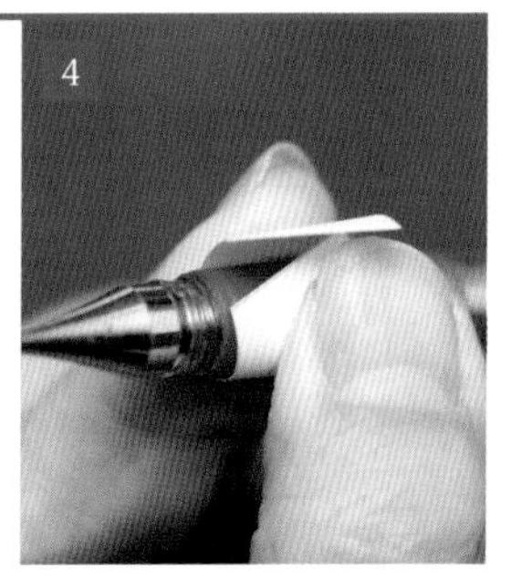

将本体部分卷绕在自动铅笔之类的圆柱状物品上，留下卷痕。

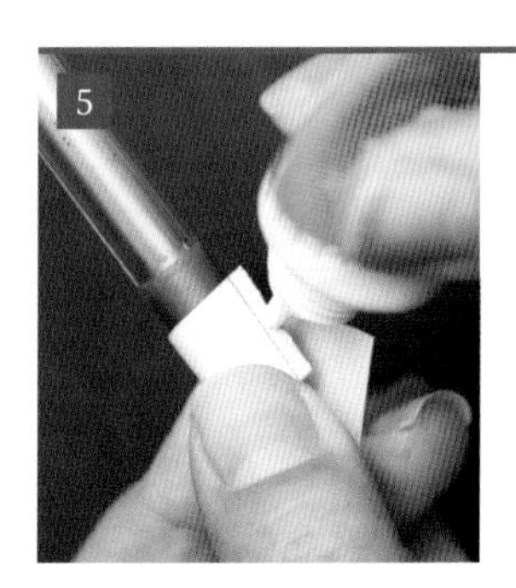

在[4]的粘贴线上涂抹纸用黏着剂。

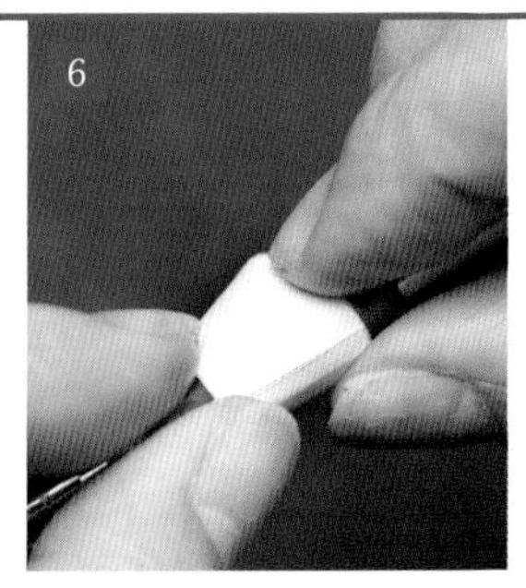

紧紧地按压粘贴线部分，使其牢固。

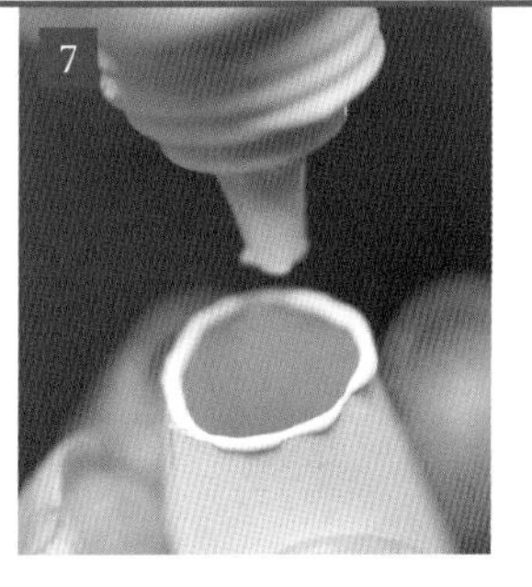

在[6]底部涂抹一圈纸用黏着剂。

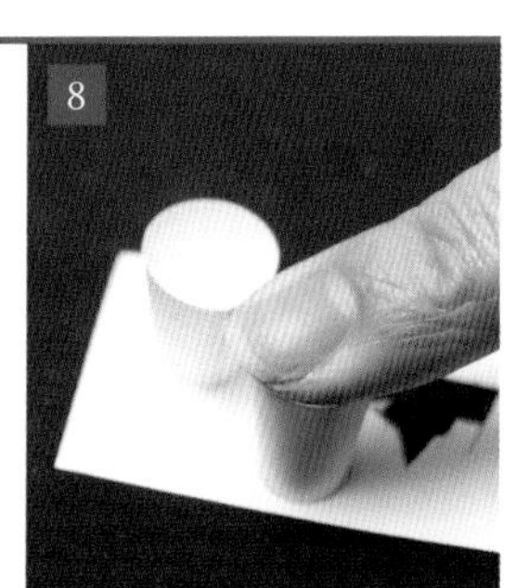

将[6]按压在正方形纸板上，待纸用黏着剂凝固。

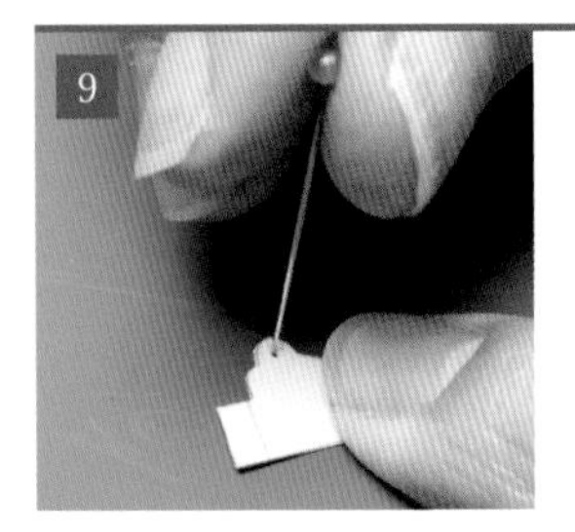

重叠2片剪下的小椭圆形纸片，用珠针开孔。

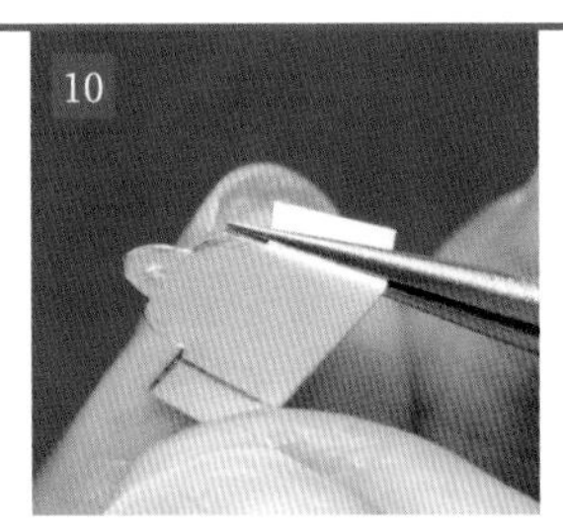

用平口扁嘴钳夹出9的折痕。

2个折出了折痕的部分。

本体部分的黏着剂凝固之后，剪去多余部分。

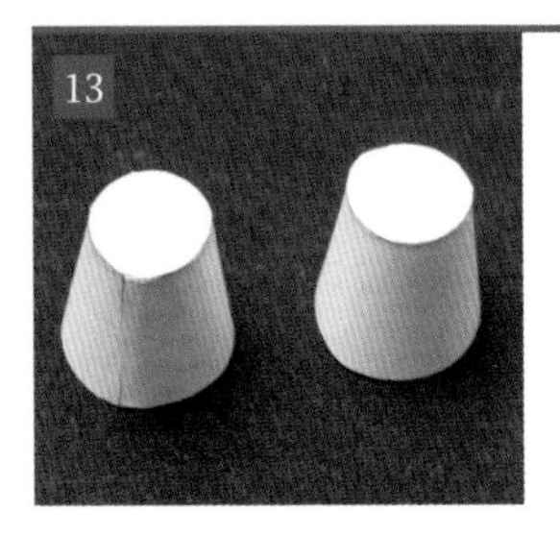

2个本体部分做好了。

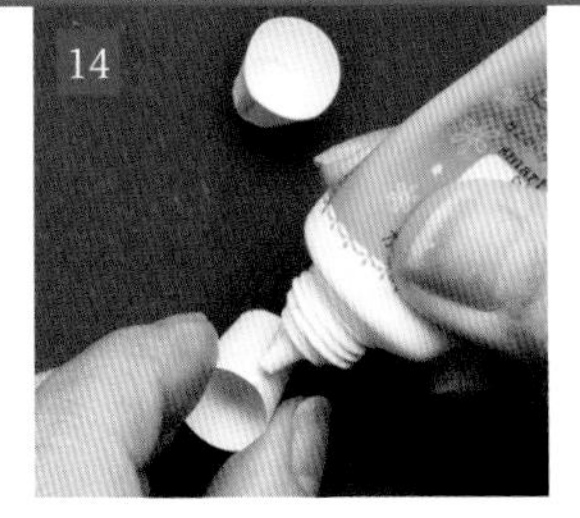

在本体上端侧边涂上纸用黏着剂。

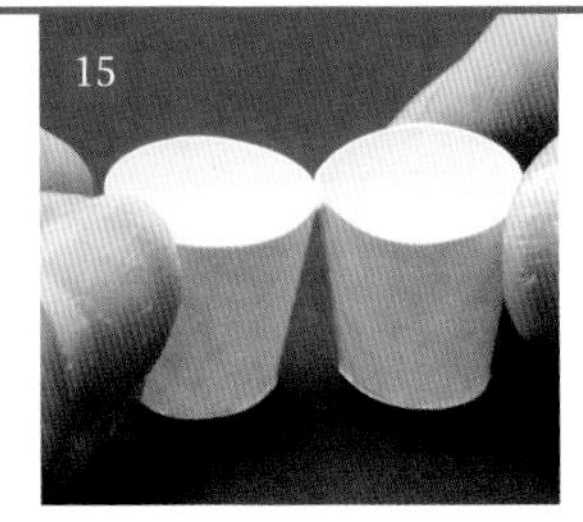

粘合2个本体。

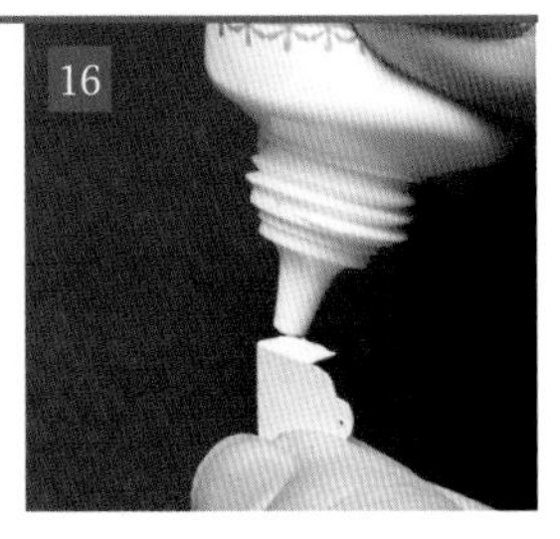

在11的连接部件弯折的粘贴处涂上纸用黏着剂。

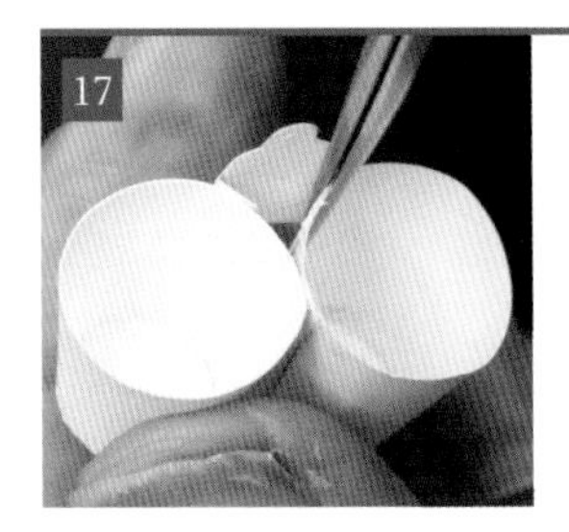

用平口扁嘴钳夹紧上了胶的部分，使其固定。

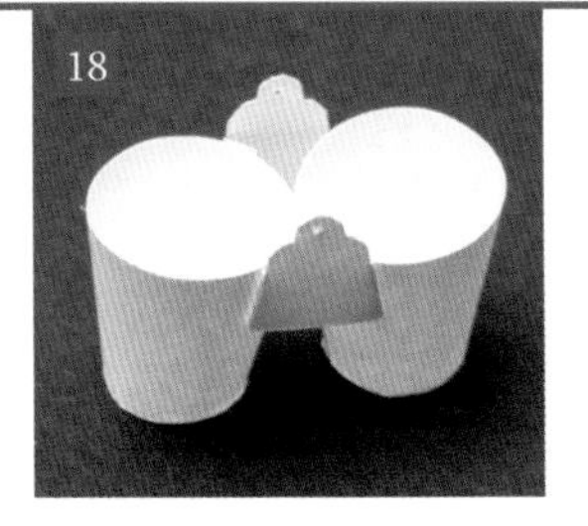

2个连接部分粘好的样子。本体部分就做好了。

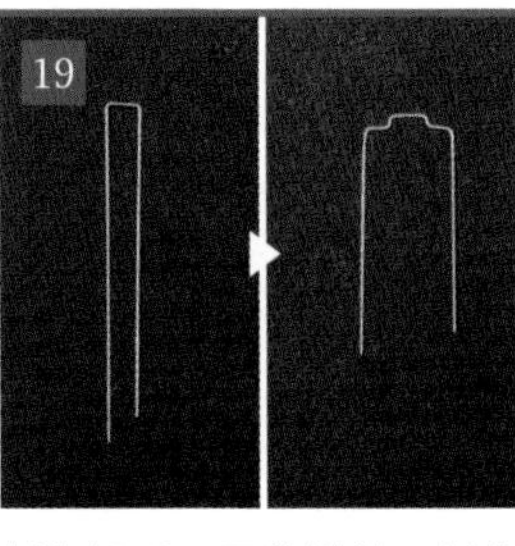

制作提手。用剪钳剪下长约5厘米的花艺铁丝，在长直的铁丝中间位置，用平口扁嘴钳在铁丝中部做一个“凹”字形，在此基础上，将铁丝两端折成直角。

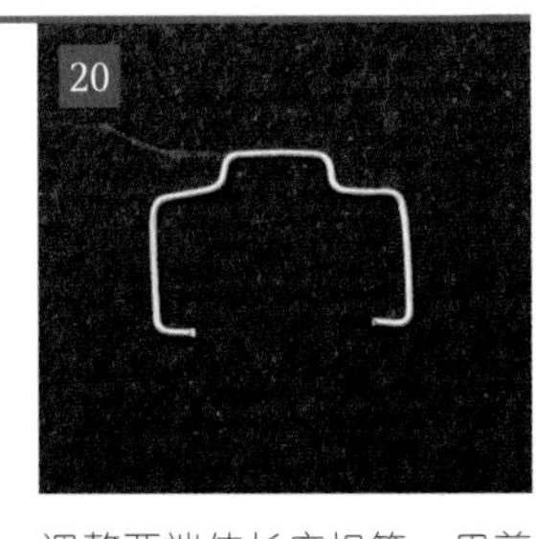

调整两端使长度相等，用剪钳剪去多余部分，再夹住两端朝内弯曲。这将作为提手。

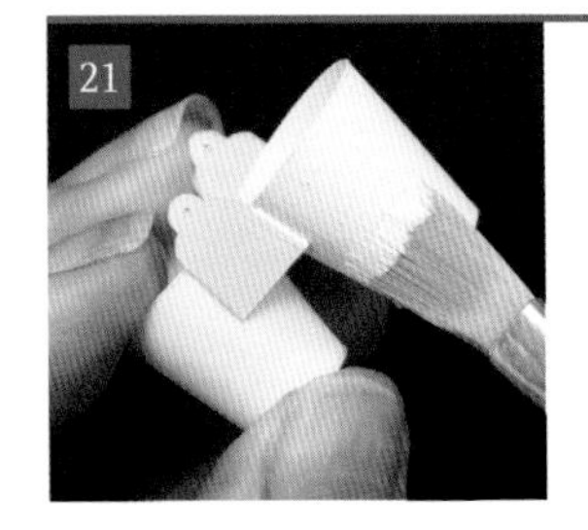

用笔在本体表面涂上喜欢的颜料，底部、内壁、缝隙，全都涂满。

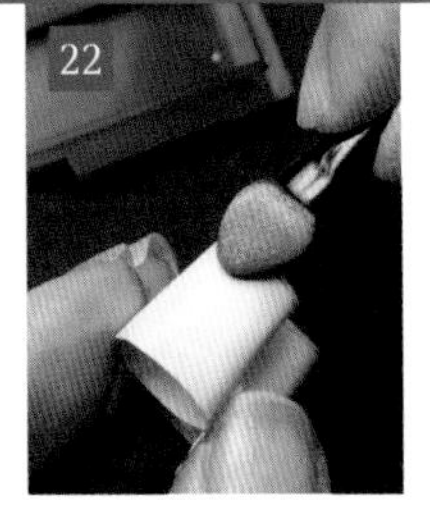

再涂上模型专用涂料，制造“做旧感”。

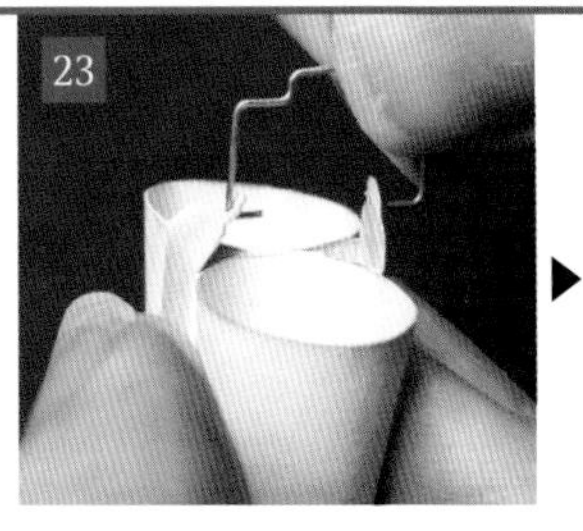

将提手插入本体的小孔。连接式小锡桶就完成了。

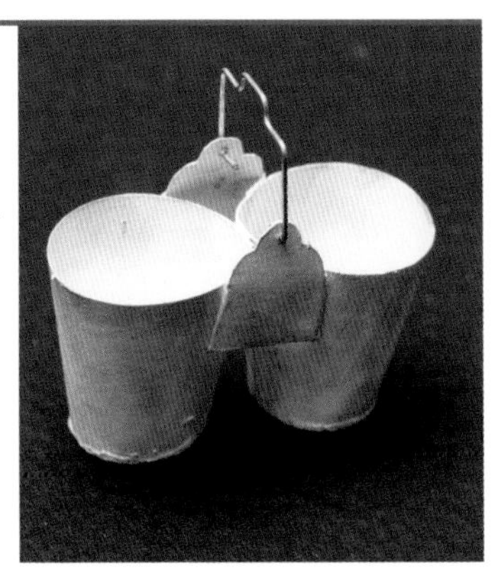

土壤的做法・植物的栽培方法

本小节介绍如何制作既真实又能更好地固定微型花的土壤，并展现植物的栽培方法。

准备材料

食用黏合剂（消光超浓凝胶剂）、软木粉（极细、细）、土壤色粉CP7（土黄色）、小杯子、一次性勺子、黏着剂、黏土专用棒、剪刀、镊子等。

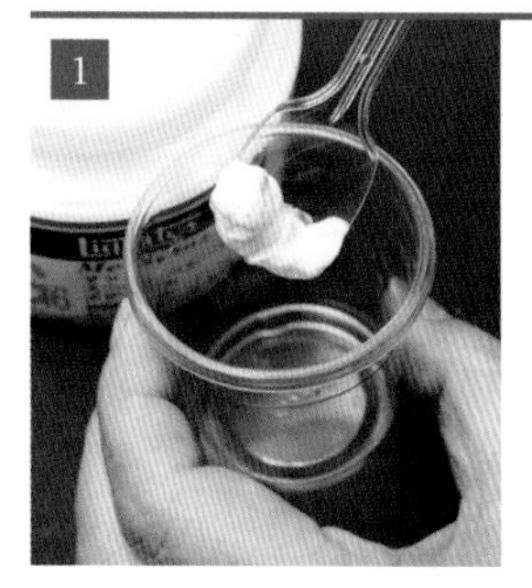

舀1勺食品黏合剂放入杯子里。

添加1/4勺细软木粉。

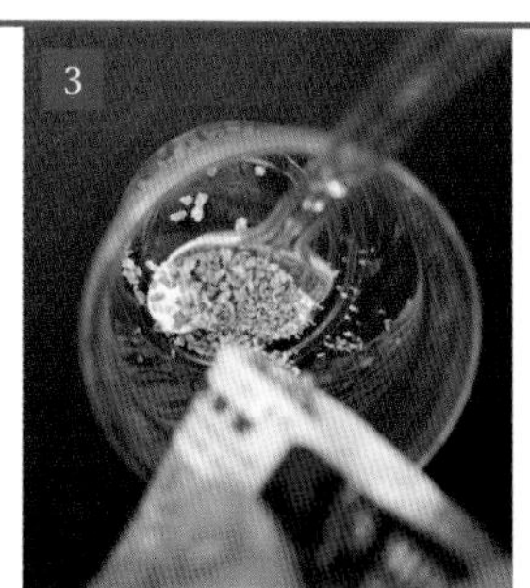

再添加1/4勺极细软木粉。

加入1/2勺土壤色粉。

用勺子搅拌混合全部材料。

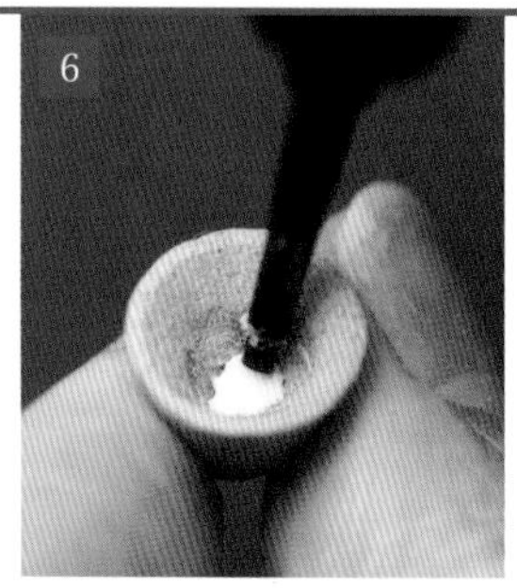

在花盆底部抹上少许黏着剂。

将5的混合物装入花盆里。这个步骤，需排出花盆内部的空气。

用黏土专用棒的抹刀部分紧紧按压花盆内的混合物，将土完全填入盆中。

填土前，先准备好微型花，确认盆高和植物埋入花盆的深度，注意两者的高度差。

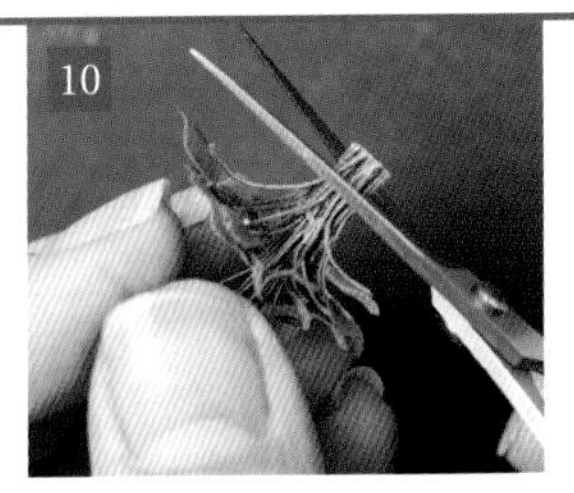

为配合花盆的深度，修剪花茎。

用镊子夹起微型花放入花盆，再次确认深度是否合适。

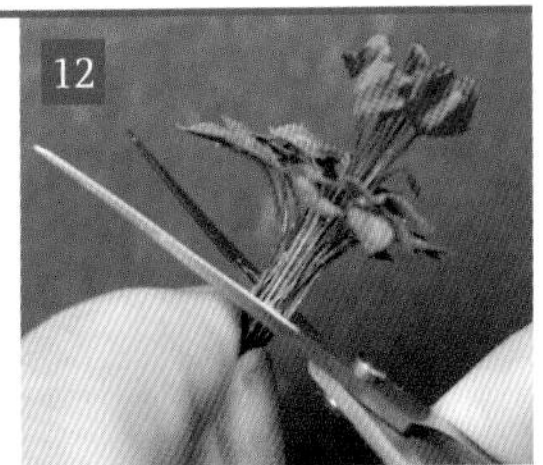

根据土的深度，再一次剪去多余的花茎，使两者完全契合。

在修剪好的花茎底部涂上黏着剂。

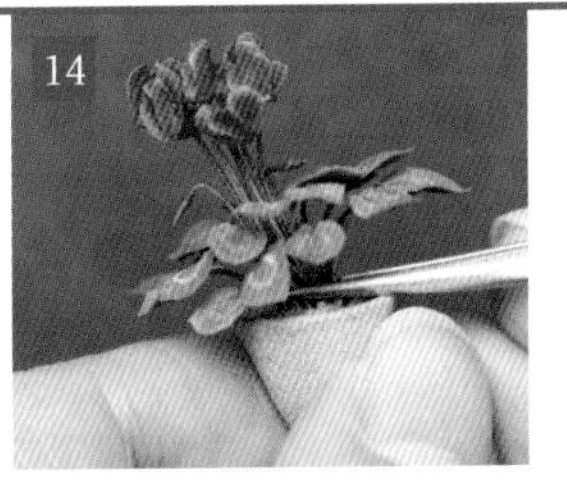

将花茎紧紧地插入花盆内，调整角度，使花与花盆相配。

种好后用镊子调整叶片的朝向，使其呈现真实自然的状态。土壤容易干燥，因此需少量制作，并尽早使用。

形态各异的微型花栽培方法

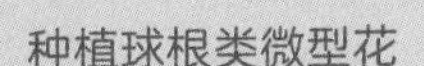

种植球根类微型花

种植球根类微型花时，球根需露出1/3～1/2。微型花不用塞得过满，看起来比较可爱。

微型花组合盆栽

制作组合盆栽时需注意各株植物的间距。要点是压实土，不要留太多空隙，只能从植物间的缝隙中隐约看见土壤。

种植娇小玲珑的微型花

种植低矮迷你的微型花时，可以直观地观察到裸露的土壤，因此需大量地加入细软木粉末，呈现粗粗的土壤，才会更加自然。

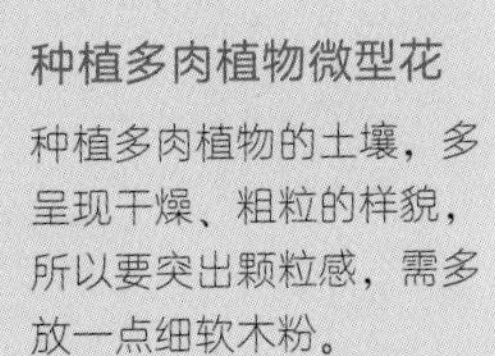

种植多肉植物微型花

种植多肉植物的土壤，多呈现干燥、粗粒的样貌，所以要突出颗粒感，需多放一点细软木粉。

装饰技巧、存放方法

微型花完成后，可上架欣赏或用于装饰室内。

小小储藏室或迷你花园，最能衬托微型花。对杂货家具的选品也颇为讲究，可与之搭配。

具有艺术性的装饰

装饰在有分格的层架上，可欣赏每个分格的不同景观。推荐购买一个尺寸适合摆放微型花的装饰层架。

这是一组与古典艺术品组合的微型花。在一个古典托盘里放一张厚纸板，再铺上细细的水苔，粘合固定，变成迷你花园，小小的空间也能摆放。

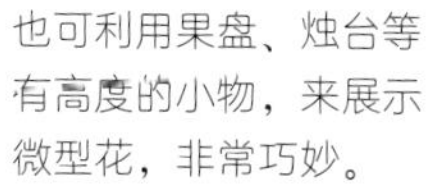

也可利用果盘、烛台等有高度的小物，来展示微型花，非常巧妙。

将微型花装饰在微型层架上，可形成一道亮丽的风景。其中，也可以加入微型喷壶和小铲子等，会更添风采。

小木板与微型花也能构成一个可爱的小角落。只要摆上多盆微型花，就成了迷你花园。

微型茶几上并列摆设多肉植物微型花。陈设同一类型的微型花，显得玲珑可爱。

可移动的迷你箱子

自己无法制作小小储藏室或迷你花园，也可通过购买可移动的迷你箱子。

两侧的提手设计方便移动，也可改变朝向。

前盖可打开，闲置时便于收纳。

这个角度是内侧和表面。可设定这面是室内，窗户的另一边是室外。

这是室外。未来可以在露台栈板下摆放盛开的三色堇。

精美细致的存放

一枝玫瑰装饰于小瓶中，尽显魅力，还可防尘。

附软木塞玻璃容器，可倒置使用，小花受玻璃外罩的保护，可永葆美丽。

将衬纸置于长玻璃容器内，与微型花搭配，颇具陈列效果。

将微型花收纳于带盖的塑料盒内。如此搭配，小小的花朵起到了美化塑料盒的作用，简洁大方。

拍摄技巧

想把自己制作的微型花、喜欢的作品或制作过程拍成美照上传社交平台。

为了上传到Instagram（手机应用），拍摄多种圣诞玫瑰微型花共同摆放的照片。

微型花摄影建议

市面上有一款摄影专用箱，自带LED照明，十分方便。大型照相机商店或亚马逊、乐天等网店都可以购买。价格不一，从几百元到几万元不等。价格高低，影响照明质量。不过价格便宜的也能拍出效果不错的照片。

推荐使用带微距拍摄模式的数码相机。相机架在牢固的三脚架上，有遥控器会更方便。因为是微缩摄影，容易手抖。有三脚架的话，拍摄效果更佳。

相机设置

把相机牢固地安装在三脚架上，在平稳的位置上放置自带LED照明的摄影专用箱。将要拍摄的微型花放入箱子的中央，架好三脚架，开拍。

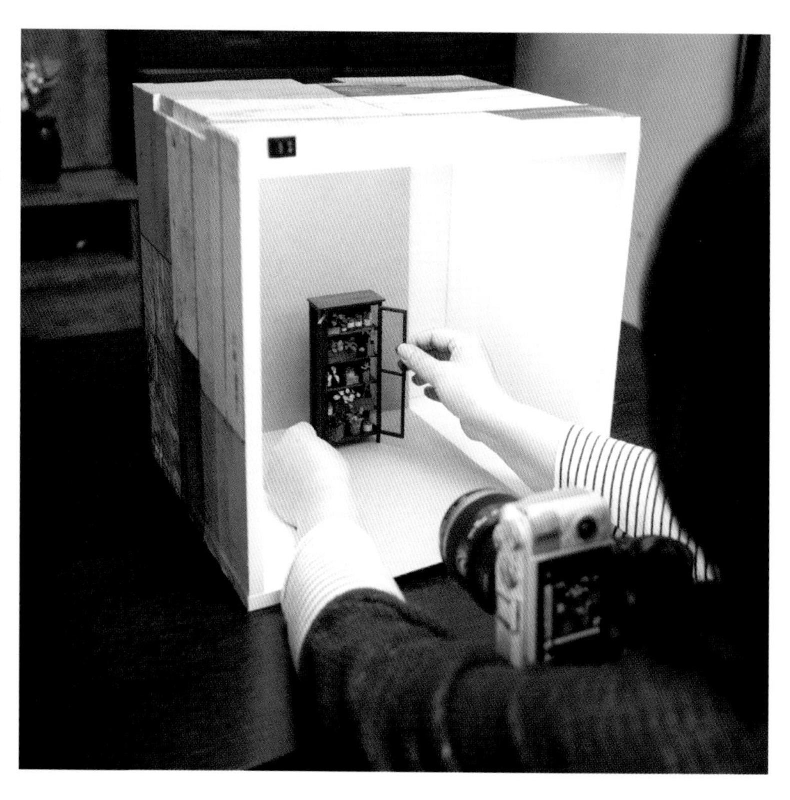

这张图是用相机拍出来的照片。若相机自带“微距拍摄模式”，会更易于拍摄。若无此功能，光圈自动模式或手动模式也可拍摄［尽量放大光圈（将f值调高）］。即使用三脚架固定也容易产生抖动，因此建议用遥控器或自拍装置，轻按快门键。

作品的固定以及剩余材料的保存

想好好固定自己喜爱的微型花作品，也想有效利用剩余材料。

作品固定

准备材料

无痕胶。

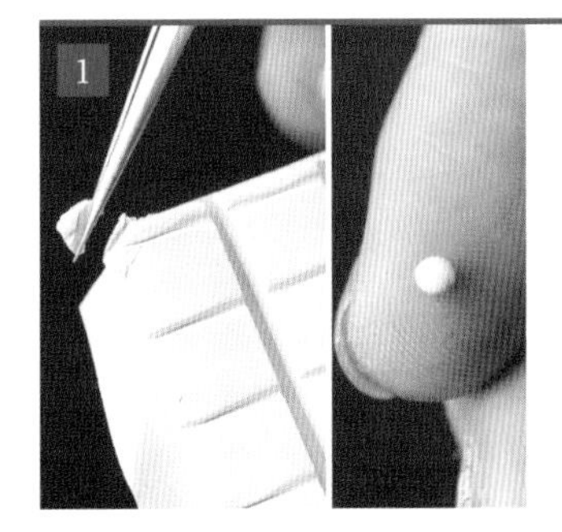

1 用镊子夹出3～5毫米大小的无痕胶。

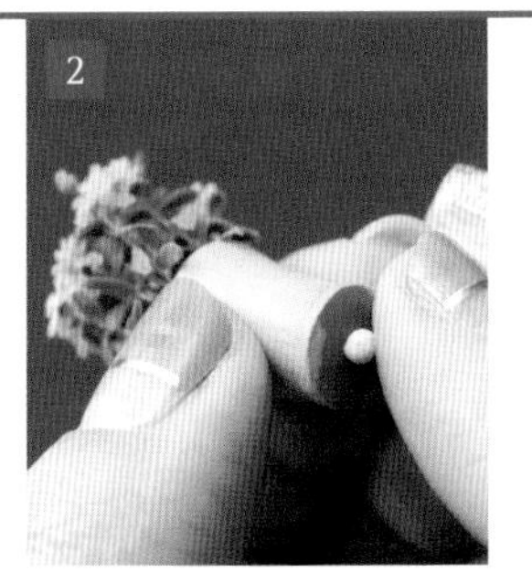

2 用手的温度稍微加热、搓圆，粘在作品底部。

3 将作品用力地按压、固定在软木塞等表面。

4 固定，直至作品不会摇动为止。

剩余黏土的保存

准备材料

自封袋、湿纸巾、剩余黏土。

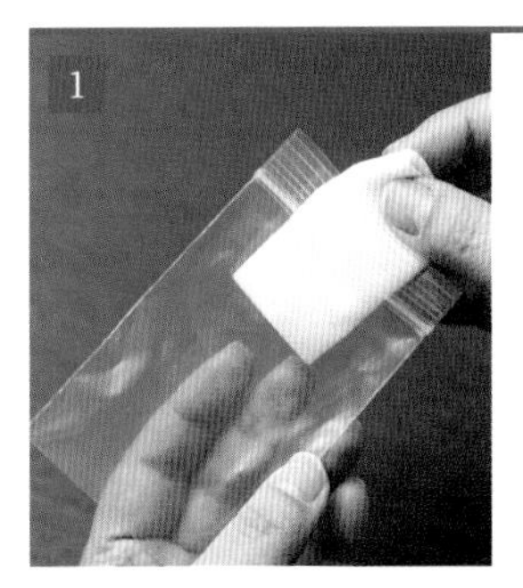

1 将折小的湿纸巾放入大号自封袋。

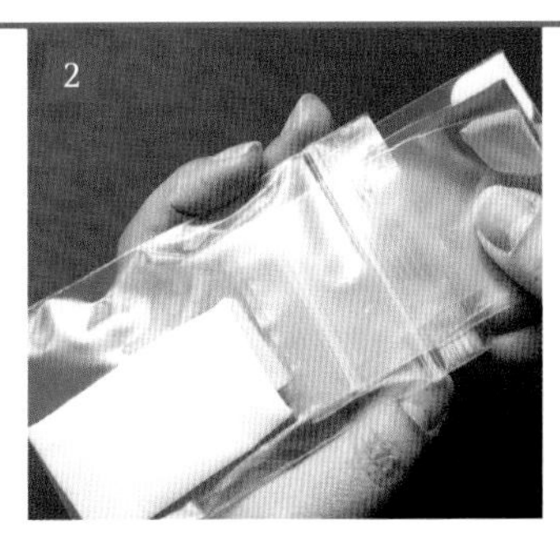

2 将装有剩余黏土的小号自封袋放入大号自封袋里。

3 用力按压自封袋、排出空气，封上自封袋。

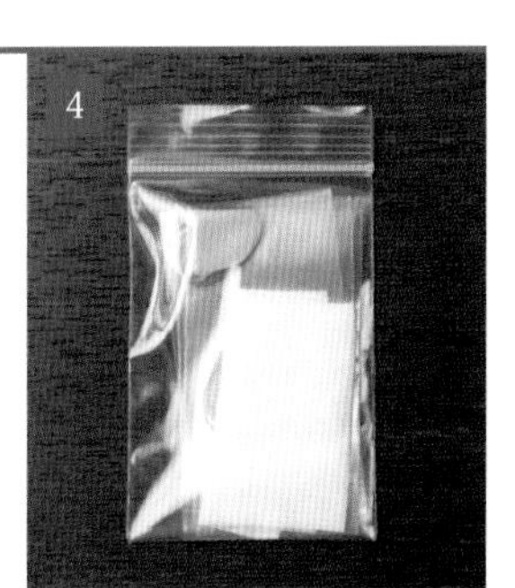

4 放到干燥、阴凉的地方进行保存，数周之后仍可使用。湿纸巾变干后，更换新的即可。

土壤的保存

准备材料

湿纸巾、自封袋（大号及小号）、剩余土壤。

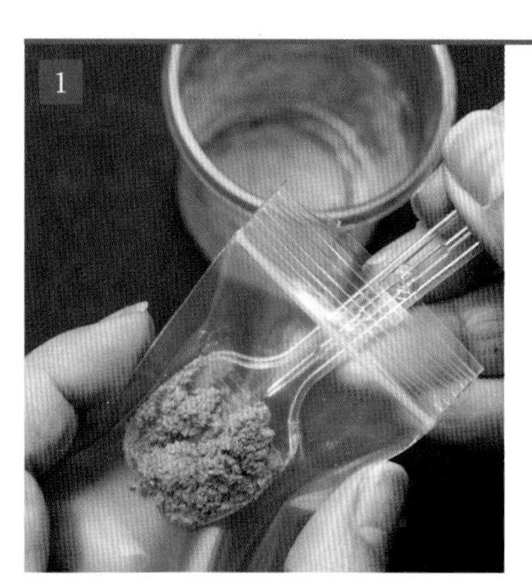

将剩余土壤装入小号自封袋。

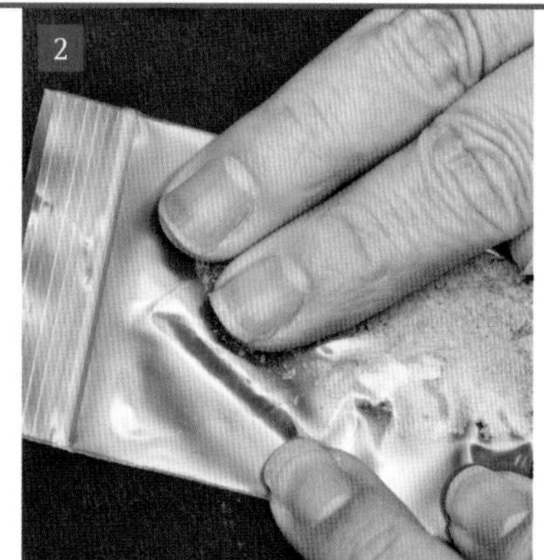

排出空气。

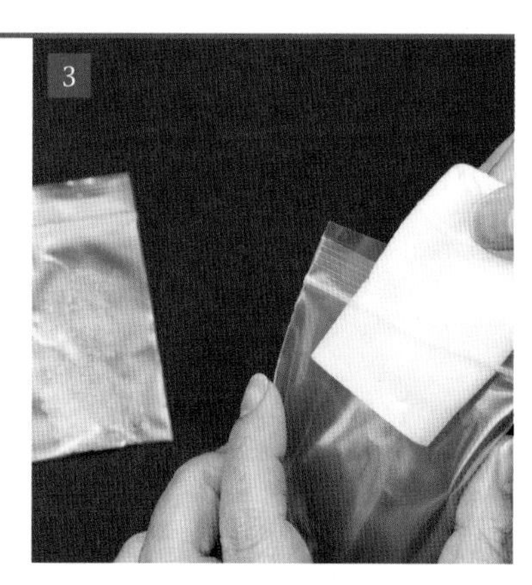

将折好的湿纸巾放入大号自封袋。

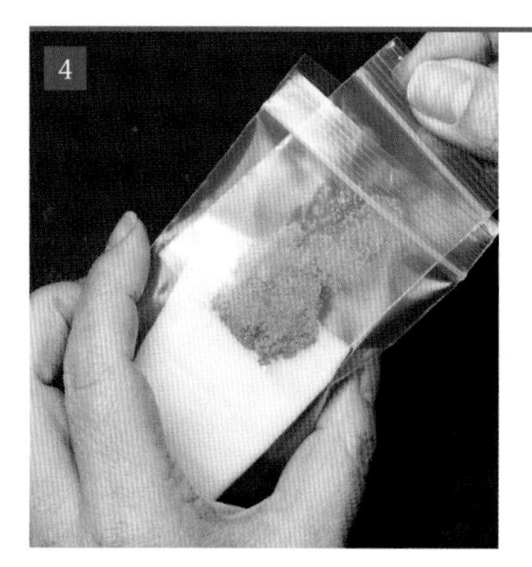

将装有剩余土壤的小号自封袋放入大号自封袋。

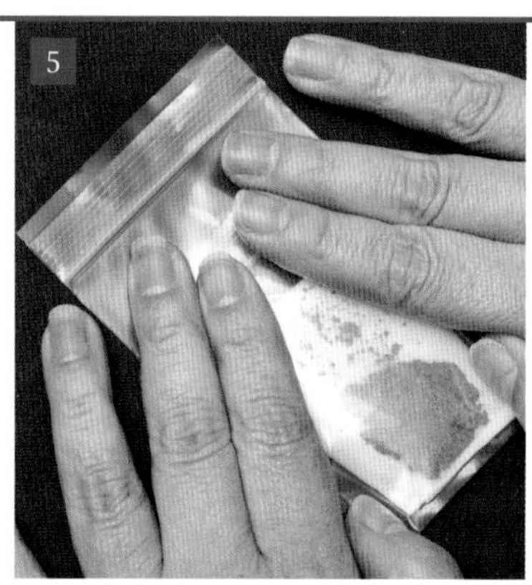

排出空气。

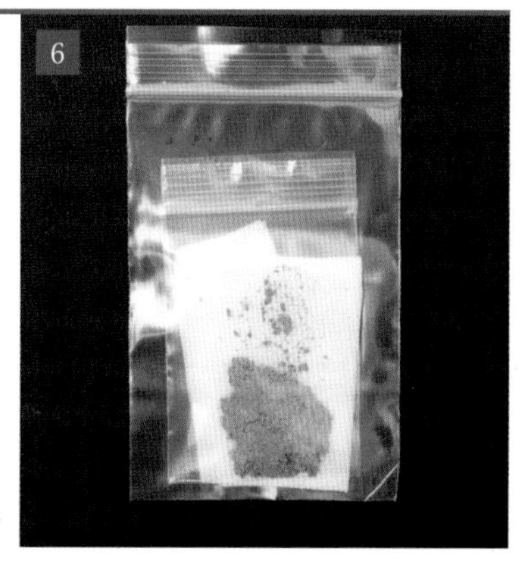

放到干燥、阴凉的地方进行保存。可存放7～10天。

后记 Afterword

手持此书，百感交集。
由衷感谢购买此书的读者。
欢迎大家认识微型花的世界，了解其制作方法，
请准备好材料及工具，试着去制作吧。
希望通过本书，
让更多人感受微型花的魅力。
期望微型花能为大家的手作生活增添色彩和乐趣。

Miniature Rosy
Yukari Miyazaki 宫崎由香里

图书在版编目（CIP）数据

此刻花开：超逼真的微型黏土花艺制作/（日）宫崎由香里著；新锐园艺工作室组译.—北京：中国农业出版社，2024.1
ISBN 978-7-109-30928-9

Ⅰ.①此… Ⅱ.①宫…②新… Ⅲ.①人造花卉－手工艺品－制作 Ⅳ.①TS938.1

中国国家版本馆CIP数据核字（2023）第137047号

合同登记号：01-2020-7339

原书制作成员：
内容构成、编辑：泽泉美智子
摄影：柴田和宣、松木润（主妇之友社）、
弘兼奈津子
摄影协助：宫崎由香里、泽泉美智子、
水上哲夫·京子
取材协助：NOE CAFE、Michealdollshouse
装帧、内文设计：矢作裕佳（sola design）
编辑联络窗口：平井麻理（主妇之友社）

中国农业出版社出版
地址：北京市朝阳区麦子店街18号楼
邮编：100125
责任编辑：国　圆
版式设计：国　圆
印刷：北京中科印刷有限公司
版次：2024年1月第1版
印次：2024年1月北京第1次印刷
发行：新华书店北京发行所
开本：787mm×1092mm　1/16
印张：8.25
字数：215千字
定价：68.00元